JN199530

ナショジオ式 自由研究

親子でできる おいしい料理実験

ジョディ・ウィーラー・トッペン、キャロル・テナント 著

滝川洋二 監修（ガリレオ工房理事長）

はじめに

家の台所が科学の実験室にもなるって知ってた？

料理をするたびに、科学の実験をしてるんだ。この本では、食べ物の科学を、家の台所を科学実験室にして調べるよ。いちばんいいところは、実験のほとんどが食べられるってこと！

料理の科学を知るには、食べ物のいちばん基本的な成分を調べなきゃ。たとえばひとすくいのアイスクリーム。一つのかたまりみたいに見えるかもしれないけど、身のまわりにあるどんなものとも同じで、原子という小さな粒でできているんだ。その原子は、集まって分子という物質をつくる最小単位になる。食べ物には、たいていいろいろな分子がある。たとえばアイスクリームには、脂肪、糖、水、タンパク質、その他の化学物質というように。

化学物質だって！ アイスクリームに？ その「化学物質」って言葉なんだけど……科学の世界では、化学物質というのは決まった分子の並びをしている物質のこと。たとえば、水は必ず水素原子2個が酸素原子1個とつながっている。つまり水も化学物質ってこと。化学物質を食べるなんて変に聞こえるかもしれないけど、科学的にはそう言えるんだ（化学は科学の一分野。二つは同じじゃないよ）。これからわかるように、料理するときに起きることは、選んだ材料の化学物質の性質で決まる。

それでは、シェフの帽子をかぶり、食べ物の科学を掘り下げていこう。

⚠ 安全のための注意！ ·····································

この本の実験を実行するときには、いくつか安全のためのルールを頭に入れておこう。

● 鋭い包丁やオーブンやガスレンジを使うときは大人に手伝ってもらうこと。

● オーブンから出したものに触れるときには、やけどをしないようにくれぐれも気をつけて。
　——器は熱くても冷たくても、見かけは変わらないからね。

● この本に出てくる実験はほとんどが食べられるようになっているけど、実は食べちゃいけないものもいくつかあるから、気をつけて。
　——毒はないけど、お腹に入れるとあまり気持ちいいものじゃないこともあるからね。

料理で科学を味わおう

　『おいしい料理実験』には、科学的に興味深くても日本であまり知られていないお菓子や料理がたくさんあります。そのために、「食材や道具の準備のヒント」（92ページ）で日本のどこで入手できるか紹介したリストは、心強いと思います。さらに、料理の初心者でも安心して作れるレシピになっているので、ぜひ挑戦してみて下さい。また、料理ごとに紹介されている解説「科学のまど」が子ども向けでわかりやすいのに本格的なことにもびっくりです。例えば、「バター 固体と液体の分離」（13〜14ページ）では、手軽にバターを作りながら「科学のまど」を見ると、「水の分子の大きさになって、牛乳の中を泳いだとすると、まわりは水のあわのようなものだらけだ」から説明にはいります。あわのようなものって何かなと思ったら次が読みたくなります。

　前のページの「はじめに」では、日本では難しいと思われている分子や原子も使って、この本の入り口としています。この話に続き、こんなわかりやすいが科学の基礎を大切にした解説の仕方があったのかと思うような切り口が随所にあります。それだけに、この本も、日本の子どもにはもちろん、大人にも説明が新鮮です。

　料理は「科学」ですが、「科学」というと苦手意識のある人もいるかも知れません。でも、おいしさにつられて科学を好きになるのも悪くありません。作りながら、ちょっと読み続けると、自然のしくみとそれが料理にどう応用されているかが十分納得できるからです。

　僕は、この本の姉妹編『ナショジオ式自由研究 親子でできる たのしい科学実験』の監修も担当しましたが、どちらの本も、「子どもだからこの程度まで」というのではなく、もう一歩奥深くまで、自分で挑戦することを期待して書かれています。

　おいしさに挑戦しながら、科学の世界を味わって下さい。

監修者より　NPO法人ガリレオ工房 理事長 教育学博士 滝川洋二

もくじ

1章

混合と分離

料理で材料を合わせるのは「混合」。科学者は、化学物質の構造を変えないで混ざる物質の組み合わせのことを「混合物」って言うよ。この章では、ものを混合したり、分離したりするところを見るね。

アイスクリーム
フリーザーバッグで分離をとめる

牛乳は脂肪、タンパク質、水など、いろんな種類の分子がたくさん入っている複雑な混合物だ。ふつう、牛乳を凍らせるといろいろな物質に分かれてしまうよ。だから、アイスクリームを作るには、物質ごとに分離しないように冷やして凍らせないといけないんだ。レシピ成功のかぎは、材料を動かしつづけることだ。振って、揺らして、つぶして、おいしいデザートをつくろう。

目のつけどころ！
バッグを開けると
アイスクリームが
できてるよ。

用語
「分子」
原子が結合した
物質の最小単位。

必要なもの

使うもの

フリーザーバッグ Mサイズ
2枚、Lサイズ1枚、ふきん

材料

● 生クリーム―カップ1/4（60mL）
● 牛乳―カップ1/4（60mL）
● バニラエッセンス―小さじ1/2
● 砂糖―大さじ1
● 砕いた氷―4カップ
● 岩塩―大さじ4

作り方

1 生クリーム、牛乳、バニラ、砂糖をフリーザーバッグ（M）に入れる。できるだけ空気を抜いて、バッグのジッパーをしっかり閉じる。このバッグをもう1枚のフリーザーバッグ（M）に入れて、またできるだけ空気を抜いて、しっかり口を閉じる（バッグを二重にすると中身がもれるのを防げる）。

2 二重のバッグに入れた混合物を、フリーザーバッグ（L）に入れ、氷と塩を加える。またまたバッグからできるだけ空気を抜いて、口をしっかり閉じる。

3 バッグをふきんで包む。バッグを振って、もんで、内側の袋が氷に包まれるようにする。5〜8分、もみ続ける。

動かしつづけること

4 バッグを開けると、中で混合物が凍ってアイスクリームになっている。

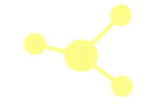

科学のまど

水の分子が凍ると、分子は整列してきちんとした形になり、ほかの分子が混じるすきまが少なくなる。材料を冷凍庫に入れるだけだと、水の分子だけが集まって分離して、ただの氷の塊ができてしまう。ところがバッグを揺すぶりつづけると、細かい氷しかできないので、ほかのものも水と混じったままになる。水はほかの分子が混じっているときには凍りにくくなるので、ふつうの氷を作るときより温度を低くしないといけない。それで外側のバッグには氷と塩を入れる。塩は氷の温度を下げるので、混合物のアイスクリームが凍るほど冷たくなるんだ。

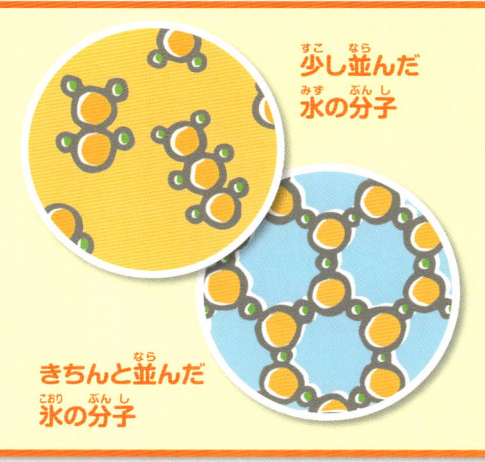

少し並んだ
水の分子

きちんと並んだ
氷の分子

オレンジドレッシング
どうしても混ざらない

難易度 かんたん

作業時間 5分

ドレッシングのびんを振って野菜にかけると、ほかの人にわたす頃にはもう上の方に油の層が浮いているのが見えるよね。ドレッシングは混ざったままにはならない。液体の中にはどうしても混じらないものがある。そのわけを知ろうとすれば、材料にあるそれぞれの分子を見ないといけない。オレンジドレッシングを作って、ドレッシングの油と酢の間で何がおこっているかを確かめよう。

必要なもの

使うもの

計量スプーン、おろし金、小型のボウル、あわ立て器

材料

● エクストラバージンの
オリーブ油—大さじ3

● オレンジジュース—大さじ2

● リンゴ酢—小さじ2

● 細かくすり下ろした
オレンジの皮—小さじ1

● 塩とコショウ—適量

● 10ページのレインボーサラダ
などお好みのサラダ

動かしつづけること

作り方

1 小型のボウルに、油、オレンジジュース、酢、オレンジの皮、塩、コショウを入れてあわ立てる。すぐにサラダにかける。

科学のまど

原子の中をのぞけたら、それはもっと小さなものでできていることがわかる。その小さなものの一つが電気のもとになる電子で、マイナスの電荷を帯びている。酢やオレンジジュースは、ほとんど水の分子でできている。水の分子にある電子は、分子の片方にかたよっている。そのため水の分子の片側は少しマイナスで、反対側は原子核のプラスにより少しプラスなんだ。水の分子のマイナス側は、別の水の分子のプラス側にくっつきやすい。油の分子にはプラス側やマイナス側というのはないので、水の分子どうしが並んでも、その外に放っておかれる。サラダで水と油をよく混ぜるためには、それをよく振って、分離する前にかけないといけないんだ。

観察しよう🔍

重さが違って混ざらない!?—セパレートティー

なにも入れていない紅茶とオレンジジュースをグラスに注ぐと、紅茶とジュースはすぐに混ざってしまう。それが、ガムシロップを使うと、紅茶の層とジュースの層を分けることができるんだ。

作業時間　**10**分　

必要なもの

使うもの

グラス、ストロー

材料

● 冷やした紅茶（無糖）

―100mL

● ガムシロップ―3個

● 100%オレンジジュース※

―100mL

● 氷 ―適量

※ジュースは好きな味を使うといいよ。

やり方

1 グラスに紅茶とガムシロップを入れて、よく混ぜる。

2 グラスに氷を入れて、氷に当てながら、静かにジュースを注ぐ。

目のつけどころ！

紅茶にガムシロップを入れるときに、横から見てみよう。ガムシロップが沈んでいくのがわかるよ。

科学のまど

温度が4℃のときの水の体積と質量（重さ）を基準にして、ほかの物質が同じ体積のときの質量を比べたものを比重という。比重が大きいものは、小さいものより下に沈むよ。水に砂糖をたくさん溶かすほど比重が大きくなり、砂糖を溶かしたガムシロップを混ぜた紅茶は、果汁100%ジュースより比重が大きいから下に沈むんだ。

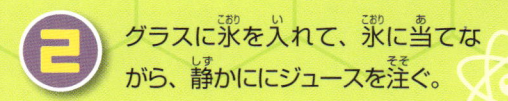

| 比重小 | 酢 | 水 | 紅茶 | 牛乳 | ジュース | シロップ | 比重大 |

レインボーサラダ
植物が水を吸う

レタスには水を全体に回らせるしくみができている。ここでは色つき水をレタスに通してみよう。そうすると、水が葉の中を流れる通り道が見える。おもしろいし、色あざやかなおやつにもなるよ。

必要なもの

使うもの
ボウル4個

材料
●着色料（4色以上）
●レタス

目のつけどころ！
レタスの葉は着色料の色になる。近くで見ると、着色料は葉全体に広がる細い管のところに集まっていることがわかるよ。

作り方

1
それぞれのボウルに水を張る。それぞれのボウルに着色料を10滴ずつ入れて、色違いにする。

2
レタスの葉先の方から、注意して葉を茎からはがす。葉先が水につからないように、葉を根元からボウルに立てて1枚ずつ入れる。

3
レタスをの葉を4時間以上そのままにしておく。

科学のまど

畑で丸いレタスが育っているところを思い浮かべよう。丸いレタスの根元の切り口の平らな部分が、元は茎があったところだ。その茎は根につながっている。レタスに回る水は、根から入って「道管」というとても細い管を通って茎を上り、葉に広がる。レタスの葉にも道管があって、まだ水を吸い込める。色がいちばん濃いところでできた線が、道管を通って水が葉全体に広がるところを表しているんだ。

オレンジマヨネーズ
液体を乳化する

「オレンジドレッシング」（8ページ）のところで、ふつうは水と油は混ざらないというのを見たけど、マヨネーズはこの法則の例外だ。マヨネーズとフレンチドレッシングの成分はほとんど同じだけど、マヨネーズはクリームっぽく混じり合って、別々に分離しない。どうしてだろう。次のレシピで試してみよう。ヒント—秘密は卵にあるよ。

目のつけどころ！
油と酢が分離しないで混ざっている。

必要なもの

使うもの
計量カップ、計量スプーン、ボウル、おろし金、あわ立て器

材料
- 生卵の黄身—2個
（白身はとっておくと、22ページの「ベイクドアラスカ」などで使えるかも）。
- オレンジジュース—大さじ1〜2
- 塩とコショウ—少々
- オリーブ油—カップ1（240mL）
- サラダ油（植物性）
—カップ1/2（120mL）
- 細かくおろしたオレンジの皮
—小さじ2
- 白ワインビネガー—小さじ1〜2

※ 生卵の白身はなるべく当日調理する。とっておく場合、1つずつラップで包んで冷凍する。作ったマヨネーズも、なるべく早く食べよう。

作り方

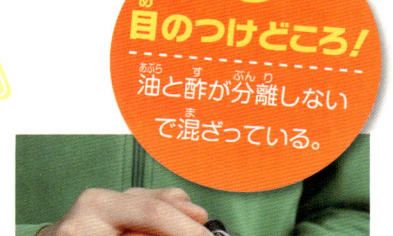

1 ボウルに卵2個分の黄身とオレンジジュース大さじ1、塩とコショウをひとつまみずつ入れて、黄身をあわ立てる。

2 そのままあわ立てながら、そこにオリーブ油を細い糸のようにゆっくりたらす。

3 サラダ油を、少し速くたらして油分をすべて混ぜ合わせる。さらにオレンジの皮を加えて、ワインビネガー小さじ1をさっと入れる。残ったオレンジジュース大さじ1とワインビネガー小さじ1を入れて味をととのえる。

科学のまど

油と水は分子の形がまったく違うので、ふつうは混ざらないんだったね。ところが、卵の黄身には乳化剤という種類の分子が含まれている。乳化剤の分子は、一方の端がわずかに電気を帯びていて水と混ざりやすい。反対側の端は電気を帯びていないので油と混ざりやすいんだ。乳化剤は、水と油をつなげるつなぎのようなものと考えよう。卵の黄身に中に乳化剤が含まれているおかげで、水と油が混ざるんだ。

観察しよう🔍

乳化剤のはたらき─消えるガム

ガムを口に入れてかみかみ。どんなにいっしょうけんめいかんでも、ガムはまだ口の中にある。ところが、チョコレートをひとかけら口に入れると、ガムは口の中で消えるような感じがする。これをやると、どうしてチョコレートガムがほとんどないのかがわかるよ。

作業時間　1分

👁️✨ 目のつけどころ！

ガムは口の中で溶けて、チョコレートといっしょに飲みこむことになる。心配しなくても、ガムは消化管にひっかかって出ていくまで何年もかかるとかの話は嘘だからね。ほかの消化できない廃棄物といっしょに消化器を通って出ていくよ。

必要なもの

使うもの	材料
自分の口	●チューインガム1枚 ●チョコレートひとかけら

やり方

1 ガムを口に入れて、かみ始める。

2 チョコレートをひとかけら口に入れてガムといっしょにかむ。

3 かみ続ける。ガムはどうなるだろうか。

科学のまど

まず、そもそもどうしてガムをかんだときに溶けてしまわないのか知っているかな。それは油と同じく、ガムも水と混ざらない分子でできているんだ。だ液はほとんどが水で、ガムとは混ざらないので、だ液ではガムはほぐれない。ところがガムにチョコレートを加えると、水と油に卵の黄身を入れたのと同じ効果がある。チョコレートには、カカオバター（油）とミルク（水）や砂糖を混ぜ合わせるための乳化剤（つなぎ）が入っていて、水とガムをつなぐことができる。ガムの分子がだ液の分子にくっついて、のどを通っていくというわけ。

バター
固体と液体の分離

難易度 ふつう

作業時間 20分

牛乳は、子ウシが自分でえさを食べられるようになるまで必要な水、脂肪、タンパク質、糖分、ビタミン、ミネラルが複雑に混じった混合物だ。人間はそれを使ってバターやヨーグルト、カスタード、アイスクリーム、何種類ものチーズなどいろんな食べ物を作る。それらは、牛乳をいろんな形で分離したものだ。このレシピでは牛乳の中の脂肪分子を分離して、バターを作ってみよう。

お役立ちメモ
バターは室温のクリームで始めた方が早くできるよ。

用語
「膜」
薄くおおうもののこと。

作り方

必要なもの

使うもの
フリーザーバッグ（M）2枚（または広口びん2本）、計量カップ、計量スプーン、クッキングシート、ペーパータオル

材料
- 生クリーム（室温）—2カップ（480mL）
- 塩—ひとつまみ、お好みで増やす

1 生クリームと塩をフリーザーバッグ（M）の一方に入れる。できるだけ空気を抜いて、バッグのジッパーをしっかり閉じる。このバッグをもう1枚のフリーザーバッグ（M）に入れ、またできるだけ空気を抜いて、しっかり口を閉じる（バッグを二重にして中身がもれるのを防ぐ）。ときどき口が閉まっているか確かめながら、バッグを激しく振る。

2 3～4分で、生クリームはどろっとしてくる。さらに振り続ける。腕が疲れてきたら、友だちと交代しよう。15分ほどしたらバターができ始めて、生クリームだったものは牛乳色の水に混じったスクランブルエッグのように見える。

続く ▶▶▶ 13

3

バッグの口の端を少し開けて、液体を出す（この液体がバターミルク。飲んだり、パンを焼いたりするときに使える）。バッグの中のバターを絞って、さらに液体を取り除く。できるかぎり液体を出したら、バッグから、まだかなり柔らかいバターをクッキングシートの上に出す。必要ならペーパータオルで水分を拭き取って乾かす。

転がして形をととのえる。

お役立ちメモ

この実験はフリーザーバッグではなく、広口びんを使ってもできるよ。

4

クッキングシートを使って形をととのえ、1本にする。クッキングシートで包んで冷蔵庫で保存しよう。

科学のまど

水の分子の大きさになって、牛乳の中を泳いだとすると、まわりは水のあわのようなものだらけだ。よく見ると、そのあわには脂肪がつまっていて、ゴムのような層が脂肪を閉じこめる膜になっていることがわかる。時間がたつと、この脂肪球は牛乳の表面に浮かぶ。その脂肪が集まった牛乳のいちばん上の層が生クリームと呼ばれる。バターを作るには、脂肪をくるむ膜を破って、脂肪を出して固めないといけない。そのために生クリームを振ったりかき混ぜたりする。するとバターになる脂肪の固まりと、薄い液体ができる。膜を破る作業が完璧だったら、その液体は脂肪ゼロの脱脂乳のはずだ。

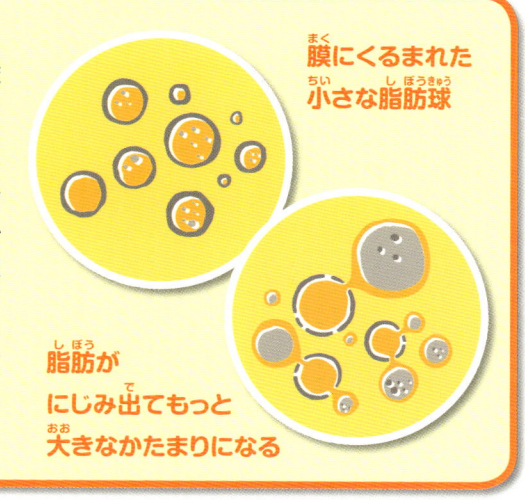

膜にくるまれた
小さな脂肪球

脂肪が
にじみ出てもっと
大きなかたまりになる

カッテージチーズ
タンパク質分子の分離

難易度 ///　大人と　いっしょに

作業時間　30分
待ち時間　60〜90分

チーズ作りも牛乳から成分を分離する方法だ。バターを作る実験（13ページ）では、脂肪を取り出してバターを作った。カッテージチーズを作るときには、タンパク質が固まる。タンパク質は折り紙のように考えることができる。ふつう、タンパク質はきつく折りたたまれているんだけど、温めて酢を加えるとほどける。カッテージチーズの作り方を試して、バターとは違う牛乳の変身の様子を見よう。

必要なもの

使うもの
目の細かいこし器、大きなボウル、目の細かい布ふきん（またはさらし）、大きななべ、計量カップ、計量スプーン、調理（キッチン）用温度計、スプーン、穴あきお玉、密閉できるプラスチック容器

材料
- ●牛乳—カップ8（1920mL）
- ●生クリーム—カップ1/2（120mL）
- ●塩—小さじ1
- ●薄めた酢またはレモン汁—カップ1/4（60mL）

作り方

1 ボウルの上にこし器をセットして、その上をふきんか、さらしでおおう。それを脇に置いておく。

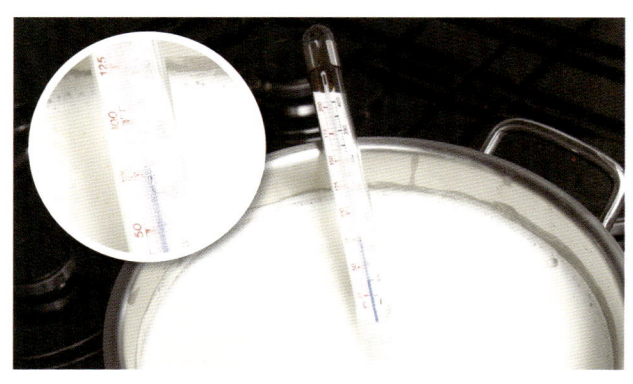

2 牛乳、生クリーム、塩をなべで合わせる。なべを中火のコンロにかけて、こげつかないようにたびたびかき混ぜて、温度計ではかって中身が80℃くらいになるまで温める。

3 なべを火からおろして、酢またはレモン汁をゆっくりと加え、静かに混ぜる。酢またはレモン汁をすべて加え終えたらすぐに混ぜるのをやめて、混合物を20分ほど静かに置いておく。牛乳の固形分が固まり、表面に浮いて、液体の部分は下に残る。

続く ▶ ▶ ▶ 　**15**

4

固形分をすくってこし器に移し、なべにはできるだけ多くの液体が残るようにする。

目のつけどころ！
ミルクは柔らかく固まったチーズになる。これがカッテージチーズ。

5

混合物からできた固まった牛乳を押したりせずに、ほとんどの水分が流れ出てしまうまで置いておく（約1時間）。しずくがたれるなら、たれなくなるまででさらに15〜20分放置する。

6

できたカッテージチーズを、こし器からプラスチック容器へ移す。チーズは、冷蔵庫に入れておくと1週間くらいもつ。

お役立ちメモ
できたカッテージチーズをピザやラザニアに使い、またフルーツやハチミツにかけて食べよう。

科学のまど

牛乳に含まれるタンパク質の内側には連結部分がいくつもあり、そこはマジックテープのようになっている。熱と酢によってタンパク質がほどけて、連結部分が露出する。タンパク質同士がぶつかるうちに、たがいにひっかかり、固まってくる。脂肪や糖分などの成分は、もつれたタンパク質にひっかかる。なんと、かめる牛乳ができた、というわけ。

真水
混合物から水を分離する

人は食べ物がなくても何週間かは生きていられるけれど、水がなかったら何日間ももたない。だからきれいな飲み水を手に入れることは生きていくときには大事な分離作業だ。湖や川、海の水は、細菌、塩分、どろ、有害物質などを含むこともある混合物だ。浄水場では水をきれいにして飲料用にするけど、ここでは塩と着色料で水を「汚染」しておいて、手づくり浄水装置できれいな水を分離するよ。

必要なもの

使うもの
透明なガラスのボウル、日当たりの良い場所、コップ、ラップ、小さな石、ストロー

材料
● 水
● 塩
● 着色料

作り方

1 透明なガラスのボウルに半分ぐらい水を入れる。スプーン1杯の塩と着色料3～4滴を混ぜる。

2 水の入ったボウルを外の日当たりの良い、じゃまの入らないところに置く。暑い日に行うのが最高。

続く ▶▶▶ **17**

▶▶▶ 続つづき

お役立やくだちメモ

この装置そうちを組くみ立たてたり、ばらしたりするときに、汚染せんされた水みずがコップに入はいらないようにすること。

３ ボウルより低ひくいコップを水みずの入はいったボウルの中央ちゅうおうに置おく。コップを入いれたままボウルをラップでおおう。

４ コップの真上まうえのラップに石いしを置おく。ボウルの縁ふちから中央ちゅうおうのカップに向むかってラップの斜面しゃめんができるはず。

５ 自作じさくの浄水器じょうすいきを、日ひの当あたるところに４〜６時間じかん置おいておく。それから気きをつけてラップと石いしを取とりさる。コップにストローを差さして飲のんでみよう。

目めのつけどころ！

コップにたまる水みずは透明とうめいな真水まみずになる。

用語ようご

「気化きか」

液体えきたいが気体きたいに変かわること。

科学かがくのまど

太陽たいようがボウルの中なかの水みずを温あたためると、熱あつくなって表面近ひょうめんちかくの水みずは気化きかする。気化きかした水みずの一部いちぶはボウルの上うえの方ほうへ昇のぼってラップの裏側うらがわにひっかかる。その水みずがラップの裏側うらがわで液体えきたいになって水滴すいてきになり、下したのコップにぽたりぽたりと落おちる。塩しおや着色料ちゃくしょくりょうの分子ぶんしが気化きかするには、水みずよりもずっと熱あつくないといけないので、そちらはボウルに残のこる。だからコップにストローを差させば、きれいで透明とうめいな水みずが飲のめるんだ。

観察しよう🔍
混合物の分離のしかた――鉄入りシリアル

深呼吸すると、空気が肺に吸いこまれ、空気中の酸素は肺の中で血管に入って、赤血球に吸収される。赤血球では、酸素がヘモグロビンという分子にある鉄原子と結びつく。ヘモグロビンは、赤血球が体中に運ばれるとき、酸素をしっかりつかまえている。鉄は大事な栄養なので、鉄を食品に入れることがあるんだ。この実験で、シリアルに鉄が入っているかどうかがわかるよ。

作業時間 5分

必要なもの

使うもの
乳棒と乳鉢、強力磁石（レアアースでできた磁石など）、小さなビニール袋、水の入ったコップ

材料
●鉄が多く入っているシリアル
（箱や袋の栄養成分表示を確認し、原材料に「鉄※」とあるもの）

※「ピロリン酸鉄」のものはだめ。

目のつけどころ！
細かい砂鉄が磁石にくっついている。

やり方

1 ひとつかみのシリアルを、乳鉢に入れる。乳棒を使ってシリアルをくだいて細かい粉にする。粉が細かいほど良い結果が得られる。

2 ビニール袋に磁石を入れて、しっかりくるむ。くるんだ磁石をくだいたシリアルの中にそっとくぐらせると、シリアルの粉がいくらか磁石にくっつく。

3 ビニール袋で磁石をくるんだまま、コップの中の水につける。磁石を軽く動かして、シリアルの粉を洗い流す。心配ご無用。鉄分は洗い流されない。

4 ビニール袋に黒い粉が固まっているのを近くから見る。

科学のまど

鉄は、肉や一部の野菜にはふつうに含まれている。それらの中では、鉄はヘモグロビンのような大きな分子の一部として存在する。でも、食品会社が製品の鉄分を増やそうと思えば、純粋な金属の鉄を加えれば簡単にできる。シリアルによっては、細かい粉にした鉄がフレークに混ざっているんだ。鉄の粉を含んだシリアルをくだいて磁石をくぐらせると、鉄の粉が磁石にくっつく。粉は鉄分を含んだ物質（砂鉄など）、というわけ。

観察しよう🔍

磁石で鉄分を確かめる―動くシリアル!?

シリアルに鉄が含まれているか確かめるのに、細かくくだかなくてもだいじょうぶ。磁石で動かすことができるよ。テーブルに置いたシリアルは動かなくても、水に浮かべれば動かすことができるんだ。

作業時間 **5分**

お役立ちメモ

シリアルが水を吸うと重くなって動きにくいよ。手早く実験しよう。

必要なもの

使うもの
深めの皿、強力な磁石
（ネオジム磁石）

材料
●鉄が多く入っているシリアル
　―数枚
●水 ―適量

※ 原材料に「鉄」が入っているもの。

やり方

1 水を入れた皿にシリアルを数枚浮かべよう。

2 シリアルに磁石を近づけて、動かしてみよう。

科学のまど

物質を作る原子は、原子核とそのまわりを回る電子でできていて、この電子の回転と電子自身の自転で磁気が生まれる。電子の回る向きで、磁気の向きも決まるんだけど、ふつうの物質では、たくさんの原子がもつ電子の回る向きがそろわないから、磁気同士がうち消しあって、磁気をもたないんだ。ただし、鉄やコバルト、ニッケルは、電子の回る向きがそろいやすく、磁石が近づくと鉄などの金属そのものに磁気が生まれて磁石にくっつくよ。

2章

固体、液体、おいしい！

暑い日にジュースのアイスキャンディーを食べると、固体が液体に変わるのが見える。凍ってバーにくっついていても、下にたれてもジュースの分子は同じ。分子の動き方が違うだけ。固体のときは、分子どうしがきつくつながっているので、キャンディーの形がくずれない。温まると分子のつながりがくずれ始めて、液体になるんだ。また、容器に入れた液体は、容器の形に合わせて形をかえる。この章では、固体と液体の性質が、びっくりするほどおいしいものを生み出すのを見てみよう。

ベイクドアラスカ
断熱

難易度 ⚎⚎⚎ 大人と いっしょに

作業時間 25分 🕐

アイスクリームは早く食べないと、溶けちゃうことは誰でも知ってる。冷凍庫から常温の部屋にアイスクリームを取り出したとたん、アイスクリームの中の水の分子が温まって、動き始める。まもなくその動きが速くなって、アイスクリームは固体のままではいられなくなる。でも、アイスクリームを熱いオーブンの中でも固くしておけるしかけがあったら、どうだろう？ このレシピでは、断熱材、つまり熱があちらからこちらへ伝わりにくくする物質の実験をしよう。

卵の白身は空気でふくらむ！

注意！
このレシピでは
必ず生卵を
使うこと。

22

使うもの

包丁、オーブン用プレート、アイスクリーム用ディッシャー、大きなボウル、電動ミキサー、計量カップ、大きなスプーン

材料

● 直径7〜8センチの市販のロールケーキ（または丸いスポンジケーキを厚く切ったもの）—4切れ

● アイスクリーム—4すくい

● 卵白（室温）—2個分

● 酒石英—ひとつまみ

● 砂糖
　　　—カップ1/2（120mL）

※ケーキとアイスクリームの味は好きなものを使うといいよ。

作り方

 ロールケーキを使う場合は、4枚に切るとき大人に手伝ってもらうこと。ロールケーキまたはスポンジケーキを切ったものを、十分に間をあけてオーブン用プレートに置く。それぞれのケーキの上にアイスクリームをたっぷりのせ、プレートを冷凍庫に入れる。

 酒石英を卵白に散らす。砂糖の半分を加えて、全体につやが出るまであわ立てる。残った砂糖を1回に大さじ1杯ずつ加え、そのたびによくあわ立て、砂糖すべてを加えるまでくり返す。生地は固まって、つやが出ている。

 オーブンを220℃で予熱しておく。卵白をきれいなボウルに入れ、電動ミキサーを使って、かくはん器を上げるとクリームが少しもりあがるくらいにあわ立てて、メレンゲを作る。

 プレートを冷凍庫から出して、すばやくメレンゲをアイスクリームに塗る。アイスクリームとケーキのへりを確実に厚くおおうようにする。メレンゲは4つとも上をとがらせるときれいになる。スプーンの裏側でぺたぺたすると高くなる。

お役立ちメモ

メレンゲとケーキの間に、すき間ができないようにすること。

続く ▶ ▶ ▶

ベイクドアラスカ
断熱

▶▶▶ 続き

目のつけどころ！
メレンゲはオーブンから温まってきつね色になって出てくるけど、アイスクリームは溶けてない！

5 大人に手伝ってもらって、すぐにプレートをオーブンに入れて、メレンゲが固まってきつね色になるまで、3〜4分焼く。大人に手伝ってもらってオーブンから取り出す。やけどに気をつけてベイクドアラスカをプレートから皿に移し、すぐに食べる。

科学のまど

あわ立ては、空気を卵白に混ぜてメレンゲにすること。メレンゲが固まるとき、空気は小さなあわに閉じ込められる。閉じ込められた空気は熱が伝わりにくく、オーブンの熱はアイスクリームまで届かない。熱が伝わらないようにする物質を「断熱材」という。メレンゲと同じく、下にしいたケーキのスポンジも中に空気を閉じ込めた断熱材だ。アイスクリームは上下に断熱材があるので、冷たいままでいられるんだ。

観察しよう🔍

液体の断熱のしかた──お湯を温かいまま保つ

お弁当にスープを持って行きたいとき、どうすれば食べるときまで冷めないだろうか。「ベイクドアラスカ」（22ページ）では、メレンゲが断熱材の役をするのを見たね。この実験では、スープの代わりにお湯を使って、2つの断熱材候補をテストするよ。

作業時間　**30**分

必要なもの

使うもの

ふた付き容器（同じものを2個）、調理用温度計、ウールの靴下1本、アルミホイル

材料
- 熱いお湯

目のつけどころ！

ウールの靴下にくるんだ水のほうが温かい！

やり方

1 2つの同じ容器に同じ量のお湯をはる。両方の温度を計って、同じ温度で始めるようにする。

2 ふたをしっかり閉めて、一方を靴下の中に入れてくるむ。もう一方の容器はアルミホイルでしっかり包み、ホイルはできるだけつるつるにしておく。

3 両方の容器を同じところに15分置いておく。それからそれぞれの容器を包みから出して温度を計り、どちらの包みがお湯をよく保温したかを調べる。それからそのお湯でおいしいお茶でもいれてみよう。

科学のまど 🔬

熱はエネルギーがとる形の一つ。お湯は、水の分子が激しく動き、分子同士がぶつかり合うエネルギーが高い状態だ。お湯をカウンターに置いておくだけなら、水の分子は空気中やカウンターの分子にぶつかる。ぶつかるたびに、水の分子はエネルギーの一部をまわりの分子に渡し、動きが遅くなり、お湯は冷める。アルミホイルのような金属は、エネルギーが金属の分子を伝って、通り抜けてしまうので、断熱材としては良くない。ウールには、空気のたまるすき間があって、エネルギーが伝わりにくい。完ぺきな断熱方法を見つけたければ、タオルなどほかの素材でも試してみよう。

フローズンソーダ

難易度 ふつう

作業時間 3時間半

過冷却

ふつう水は0℃で凍りはじめるけど、ゆっくりとまんべんなく冷やすと－10℃以下でも凍らないことがあるよ。冷えて氷になる温度（凝固点）よりも低い温度になった水を過冷却水というんだ。砂糖が入ったジュースや砂糖の入ったソーダ水は水よりも凍りにくいけれど、冷凍庫であるていど冷やすことで過冷却の状態にできるんだ。過冷却にしたソーダ水でフローズンソーダをつくってみよう。

必要なもの

使うもの
冷蔵庫、冷凍庫、タイマー、
グラス

材料
●ソーダ─1本 (500mL)

※ 好きな炭酸飲料を使うといいよ。

作り方

1 冷蔵庫で冷やしたソーダのペットボトルを、ふたを開けずによく振る。

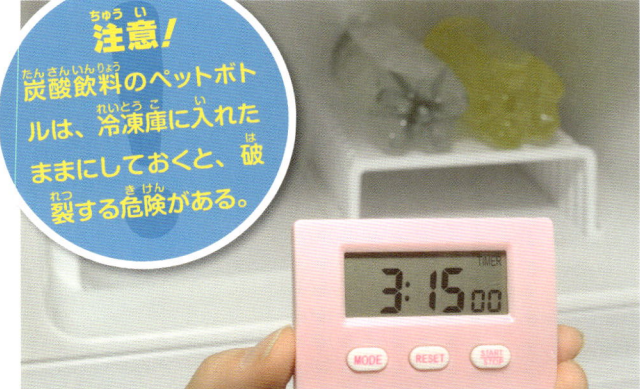

注意！
炭酸飲料のペットボトルは、冷凍庫に入れたままにしておくと、破裂する危険がある。

2 冷凍庫に入れて、タイマーをかけて3時間15分ほど冷やす。冷やしている間にとびらを開けたりして、衝撃を与えないようにしよう。

※ 冷やす時間は目安だよ。冷蔵庫の機種などによっても冷え方が違うので、何度か試してみて加減しよう。

3 冷凍庫から取り出して、ふたをゆっくり開けて、空気を抜く。

目のつけどころ！
ペットボトルを冷凍庫から出したときには、中身はまだ液体のままだよ。

注ぐと氷ができはじめる

④ グラスに、勢いよく注いだり、高いところから注いだりすると、氷ができるよ。

科学のまど

水は、0℃で液体から固体の氷になり、100℃で沸騰して、液体内部からも蒸発して気体の水蒸気になるけれど、これは、地球上の標準気圧である約1013hPa（1気圧）のもとでだけなんだ。水は、気圧が高くなるほど、凍りにくくなり、また沸騰しにくくなるよ。最初に、炭酸飲料のペットボトルをよく振ると、飲料から二酸化炭素がぬけてペットボトルの内部の圧力が高まり、凍りにくい状態になる。それで過冷却になりやすいと考えられるんだ。そして、過冷却水を作るには、冷凍庫の中で静かにゆっくりと冷やすというのが一番大切だよ。

メープルキャンディー
結晶ができる

難易度 ／／／ 大人と いっしょに

作業時間 **30分**
待ち時間 **1時間**

水は0℃で凝固して氷になるけど、この温度は人間にはあまり快適じゃない。ところが砂糖なら、凝固点はとても高い。ふつうの室温でも、砂糖は氷と同じ固体だ。だから砂糖が台所の戸棚の中で溶けることを心配する必要はない。メープルシロップには水と砂糖の両方が入っている。この実験では、メープルシロップを熱して水分の一部を気化させるよ。水分が抜けると糖の分子どうしがまとまるので、冷凍庫に入れなくてもメープルシロップが凝固して固体になるのが見られるよ。

必要なもの

使うもの

重いオーブン用プレート、大型の底が厚い深なべ、シリコンのフライ返し、調理（キッチン）用温度計、木製スプーン、虫眼鏡

材料

●サラダ油（植物性）―プレートにぬる分
●メープルシロップ―カップ2（480mL）

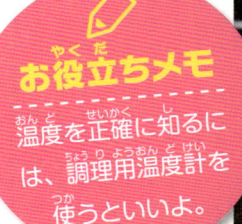

お役立ちメモ

温度を正確に知るには、調理用温度計を使うといいよ。

作り方

1 オーブン用プレートに軽くサラダ油をぬっておく。次の段階は大人に手伝ってもらうこと。なべにメープルシロップを入れて中火のガスコンロにかけて沸騰させ、ときどきシリコンのフライ返しでかき混ぜる。シロップの温度が温度計で120℃になるまで煮立たせる。火にかけたまま放置すると、シロップが噴きこぼれるので、注意！ 噴きこぼれないように、フライ返しでていねいにかき混ぜる。

2 なべを火から下ろして、かき混ぜないで75℃くらいまで冷やす。10分くらいかかる。

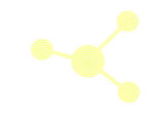

木製のスプーンを使って混合物をかき混ぜる。

混合物が固くなったらそれをプレートに移して、そのまま1時間ほど置いておく。

目のつけどころ！
シロップは冷えると固まる。

結晶ができている

続く ▶▶▶

メープルキャンディー
結晶ができる

▶▶▶ 続き

科学のまど

虫眼鏡を持って、できたメープルキャンディーを細かく見てみよう。なめらかな面のかたまりができているのがわかるかな? そのかたまりは「結晶」と呼ばれる。結晶は分子が重なってくり返しのパターンになるとできる。メープルシロップにある糖の結晶でできるのは、六面体だ。結晶の大きさはシロップが冷える速さで決まる。ゆっくり冷えたシロップは、凝固点になるまでに、分子が集まってきちんと並ぶ時間がたっぷりあるので、できる結晶が大きくなる。シロップを急に冷やすと、分子は小さなかたまりで凝固するんだ。

用語

「結晶」

分子があるパターンに並んで、それがくり返されてできる固体のこと。

 炭素
 酸素
 水素

構造を確かめよう

砂糖の結晶は、上のショ糖分子のような分子の並びがくり返されてできる。

観察しよう🔍
結晶形成―乾かすと浮き上がる絵

砂糖の結晶と同じように塩の結晶もできるし、それを好きな形にすることもできるよ。ただし、食べちゃダメ！ ペットのネコやハムスターがなめたがるかもしれないが、これもダメ。小さな体に多すぎる塩は、病気のもとになるかもしれない。

作業時間　**10分**
さらに乾燥に一晩

必要なもの

使うもの
計量カップ、計量スプーン、
耐熱マグカップ、黒い厚紙、
絵筆材料

材料
- お湯―カップ1/2（120mL）
- 食塩―大さじ3〜4杯

目のつけどころ！

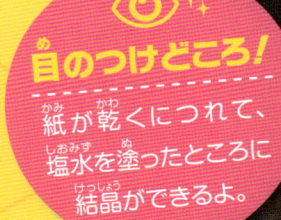

紙が乾くにつれて、塩水を塗ったところに結晶ができるよ。

やり方

1 マグカップにお湯を入れ、少しずつ、ゆっくり塩を加えて、溶けきるまでかき混ぜる。

2 絵筆を塩水にひたし、厚紙に絵を描く。

3 一晩放置して乾かすと、朝には塩の絵が現れる。

科学のまど

水分が乾くにつれて、厚紙には塩の分子だけが残る。乾く間に塩の分子はきちんと並んで、きれいな結晶になる。紙の上で、塩の結晶は小さな結晶の層を作る。科学者が、塩の結晶の薄い層を、宇宙で成長させる実験をしたことがあるよ。重力で下にひっぱられることがないので、地上よりも分子は完全な形に並びやすくなるんだ。完璧な結晶を作るには、宇宙ステーションまで出かけないといけないんだね。残念！

ビーフジャーキー
浸透―食物から出る水分

ステーキ肉はウシの筋肉なので、筋肉の細胞でできている。筋肉の細胞は2つの部分でできていると考えることができる。口の中で歯ごたえを感じる繊維部分と、液体の肉汁の部分だ。液体部分はほとんど水だ。ほかの味やビタミン、ミネラルの分子がその水に溶けているんだ。放って置いた肉が腐るのは、細菌が筋肉の繊維を食べて増え始めるからだ。でも、細菌が生きるためにはたいてい水が必要。だから、ステーキ肉から水分を取り除けば、長い間腐らないビーフジャーキーができる。

作り方

1 大人といっしょに、よく切れる包丁で赤身肉の筋を切るように薄切りにする。

2 ほかの材料をフリーザーバッグで混ぜ合わせ、それに切った肉を加える。バッグのジッパーを閉じたまま、おさえたり振ったりして肉にたれをなじませる。それを冷蔵庫に少なくとも4時間、できれば一晩入れておく。

お役立ちメモ
肉を切りやすくするには、切る前に肉を冷凍庫に1時間半ほど入れて凍らせておくといいよ。

3 4時間後、上段のオーブン用ラック（たな）を取り出し、肉汁を受けるためにトレイを下の段にセットし、オーブンを90℃に予熱しておく。

必要なもの

使うもの
よく切れる包丁、計量カップ、計量スプーン、Lサイズのフリーザーバッグ、オーブン用トレイ、トング

材料
● 牛赤身ステーキ肉 ※ —700g
● 醤油—カップ1と1/4（300mL）
● 水—カップ3/4（180mL）
● コショウ—小さじ2
● つぶしたニンニク—3かけ分
● ハチミツ—大さじ2

※ 脂身の少ない肉を使おう。

目のつけどころ！
肉をオーブンから出すと、乾いて乾燥している。

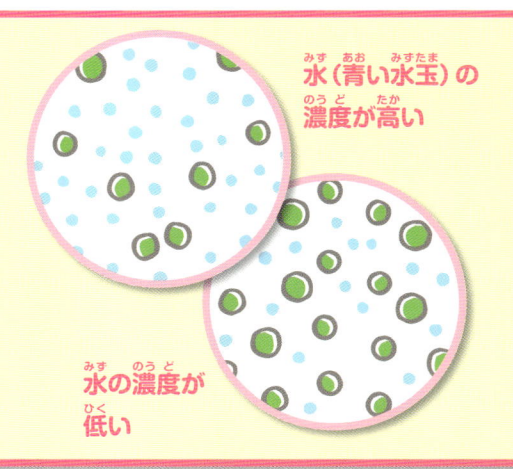

4 肉をつけ汁から取り出し、余分な汁気は切って、取り出したオーブン用ラックに直接、肉が重ならないように並べる。肉は固くしまっているはず。肉を乗せたラックをオーブンに戻す。肉をゆっくり、2時間余り（ぱりぱりにしたければ最大4時間）加熱する。

用語
「浸透」
水分が濃度の高い方から低い方へ移動すること。

科学のまど

筋肉の細胞の液体部分には水の分子が多く、ほかの分子はあまり多くない。水の分子が多いことを水の濃度が高いと言う。醤油には、いろいろな味の成分や塩の分子が溶けているため、水の濃度は低い。そうした分子はどれもいつも動き回っているが、水の分子の方が動きやすい。水の分子は小さいので、細胞膜（細胞をおおう薄い膜）を通り抜けられる。水の分子は、濃度が高い方から低い方へ移りやすい。それでこのレシピでは、筋肉細胞の水の分子が外へ出て、醤油の方へ移動するんだ。そして、熱いオーブンで水は気化してしまうよ。

水（青い水玉）の濃度が高い

水の濃度が低い

フルーツとナッツのクスクス

浸透—食物に入る水分

「ビーフジャーキー」（32ページ）では、水が細胞膜を通って水分濃度の高い方から低い方へ移動するのを見たね。科学ではこのような水の動きを「浸透」と言う。今度のレシピでは、水分濃度が高いのはなべの方で、食物の方にはほとんど水分がないよ。

 作り方

1 クスクス、レーズン、アンズをボウルに入れる。
塩小さじ2を振る。

目のつけどころ！

クスクスとフルーツが水を吸ってふくらみ、やわらかくなる。

2 大人に手伝ってもらって、だし汁または水をなべで沸騰させる。それを材料の入ったボウルに入れて、かき混ぜる。

3 ボウルにふたをして、5分放置する。

必要なもの

使うもの

計量カップ、計量スプーン、大きなボウル、大きめのなべ、ボウルにふたができるような大きな板、小さなフライパン、木製スプーン、フォーク

材料

- クスクス—カップ1（240mL）
- レーズン—大さじ2
- 干しアンズ（小さく切ったもの）—大さじ2
- 塩、コショウ—少々
- チキンスープか野菜スープのだし汁または水—カップ1と1/4（300mL）
- スライスしたアーモンド—大さじ2
- バター—大さじ2

用語

「水分濃度」

溶液中の水分子とほかの分子の比のこと。

 4 その間に大人に助けてもらって、アーモンドをフライパンに入れて中火のコンロにかける。何度もかき混ぜてきつね色になるまで2分ほど炒る。バターを加えてかき混ぜ、溶かす。

 5 フォークを使ってアーモンドとバターをクスクスの材料に混ぜ込む。お好みで塩、コショウを加えて、冷ます。

科学のまど

この実験でも、水は水分濃度が高い方から低い方へ移動することがわかるよ。この場合、水分濃度が高いのはなべの水で、食物の方には水分がほとんどない。水を温めると浸透が速くなる。熱はエネルギーの形の一つで、温まると、運動エネルギーが増えて水の分子の動きが速くなる。沸点では、ほんの何分かの間に、クスクスやドライフルーツは、製造するときに抜かれた水分を取り戻す、というわけ。

冷たい水では水の分子の動きは遅い

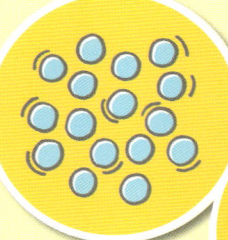

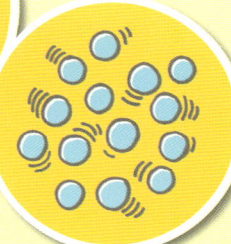

お湯では水の分子の動きは速い

乾燥ワカメ
水でもどすと…!?

乾燥ワカメを水につけると、水を吸って、重さが何倍、何十倍にも増えるよ。これはワカメがアルギン酸という水をたくわえやすい成分をたくさん含んでいるからなんだ。アルギン酸は、ヒトが食べても消化しにくい食物繊維の一種で、食べ物などにとろみをつける増粘剤などにも使われているよ。乾燥ワカメがどれだけ水を吸収するか、また水を吸収したワカメの食感はどうなるのかをみてみよう。

必要なもの

使うもの
電子ばかり、ザル、ボウル、プラスチック容器、計量カップ、タイマー、水、小皿

材料
●乾燥カットワカメ
　—1袋

作り方

1 小皿に乾燥カットワカメを入れ、電子ばかりで、小皿の重さを除いて1gはかりとる。

お役立ちメモ
5分、10分、15分など水につける時間を変えたワカメを観察できるように、1gのまとまりをいくつか作っておこう。

2 ボウルに重ねたザルに、乾燥カットワカメをのせて、500mL※の水を入れる。

※ 使うボウルの大きさによって、水の量は調節しよう。水につける時間を変えても、使う水の量は同じにするなど、なるべく実験の条件はそろえる。

3 5分後に水から取り出し、手で水を切って、プラスチック容器に入れ、電子ばかりで容器の重さをのぞいて重さをはかる。

10分　15分　5分

目のつけどころ!
ワカメを、長い時間水につけておくと、どろっとしてくるよ。

4 水に10分つけたワカメと、15分つけたワカメも水をきって、電子ばかりでそれぞれ重さをはかろう。重さをはかったら、ドレッシングや醤油などをかけて食べ、食感の違いを比べてみよう。

科学のまど

ふつう食べ物は、そのまま放って置くと腐ったり、カビがはえたりして食べられなくなるよね。そうした食べ物を長期間保存する方法の一つが乾燥させることだ。コンブやワカメ、ダイコンなどを乾燥させて作る乾物や、魚や肉などを乾燥させて作る干物などがある。干物や乾物にすると、食材の栄養価が高まることもあるんだ。

また、食べ物の乾燥方法に、天日干しと機械乾燥があるよ。太陽の光に当てる天日干しでは時間がかかりすぎ、機械で乾燥させると熱で食材が変化してしまう。そこで新たに考え出されたのがフリーズドライ（真空凍結乾燥）という方法なんだ。フリーズドライは、凍らせた食材を真空の状態において、氷を一気に気体に変化させて、水分を取り除く方法だ。

よく見るフリーズドライ食品には、インスタントコーヒーやカップラーメンの具材などがある。フリーズドライにした食べ物は、常温で長期間保存でき、水分が抜けて軽いため持ち運びやすく、水や湯でもとに戻しやすいなどといった特徴があって、宇宙食や非常食などに利用されているよ。

ドライ　フリーズドライ

ドライイチゴとフリーズドライのイチゴ

もと　水　凍結　氷　乾燥　空気

フリーズドライのしくみ

観察しよう🔍

ジュースのできかた──ジューシーフルーツサラダ

「ビーフジャーキー」(32ページ)と「フルーツとナッツのクスクス」(34ページ)では浸透のはたらきを見たね。浸透はフルーツサラダ用のシロップを作るのにも役立つんだ。フルーツの外側の水分濃度を下げてフルーツからシロップの方へ水分を引き出すために砂糖を使うよ。

作業時間　**30**分

必要なもの

使うもの
計量カップ、計量スプーン、包丁、中くらいのボウル、大きなスプーン(またはゴムのへら)、皿用ふきん

材料
- ●イチゴ──カップ1/2 (120mL)
- ●ラズベリー
    ──カップ1/2 (120mL)
- ●小ぶりのモモ──2個
- ●ブルーベリー
    ──カップ1/2 (120mL)
- ●砂糖──大さじ1
- ●しぼりたてのレモン汁──少々

目のつけどころ!

フルーツはボウルに果汁の一部を出し、甘いどろっとしたシロップになる。

お役立ちメモ

ラズベリーやブルーベリーが手に入らなければ、ほかのフルーツでもいいよ。

やり方

1 大人に手伝ってもらってイチゴを半分に切り、モモの種を抜いて細かく切る。

2 フルーツをすべてボウルに入れる。砂糖とレモン汁を振りかける。

3 スプーン(またはへら)でフルーツを静かに混ぜ合わせ、ボウルをふきんでおおい、20分ほど置いておく。フルーツサラダを盛って、ヨーグルトを添える。

科学のまど

果物の細胞は、水などの分子で一杯になった小さな袋のようなもの。このレシピでは、小さく切るときに果汁が細胞から少し出て、砂糖を加えると、果汁の水分濃度を下げる。水はフルーツからジュースの方へ、水の分子と砂糖の分子の比が均等になるまで移動して、ジューシーで濃厚なサラダになるんだ。

3章

気体に期待！

くちびるをすぼめて、空気を吹き出してみよう。空気は気体の分子でできていて、それが入り込めるすき間ならどこでももぐりこんでしまう。気体が逃げないようにするにはそれを捕まえておかないといけない。気体はたいてい見えないけれど、力は強い。この章では、いろいろな食べ物にある気体を、捕まえたり取り出したりするとどうなるかを見てみよう。

踊るスープ
溶けた気体

難易度		かんたん
作業時間	5分	

ソーダ水を飲んだとき、口の中があわでしゅわしゅわっとなるけど、そのあわは二酸化炭素という気体のあわだ。二酸化炭素は水に溶けると酸性の炭酸になる。もちろんソーダ水はほとんどが水。酸が口に当たると、熱や痛みを感じるセンサーで神経が反応する。あわの出る飲み物のひりひりする感覚をおいしいと思うのはなぜか、科学者も確かなことは知らない。理由はともかく、このしゅわしゅわのスープで二酸化炭素を観察できて、そのあと飲んで楽しめるよ。

お役立ちメモ
ドライフルーツはレーズンより大きくしないこと！

必要なもの

使うもの
料理用はさみ、ボウル

材料
●干しアンズ
●ドライクランベリー
●レーズン
●レモンライムのソーダ
（またはレモンソーダ）

作り方

1 干しアンズを料理用はさみでレーズンくらいの大きさに切り分ける。

用語

「密度」
同じ体積当たりの
重さ（質量）のこと。

２ アンズ、クランベリー、
レーズンをボールに入
れる。

目のつけどころ！
フルーツはふるえ、水面
に浮かび、それから沈む。
と思うと、また同じこと
をくり返すよ。

フルーツが踊るのを見よう。

３ レモンライムのソーダをフルーツ
の上から注ぐ。

科学のまど

ドライフルーツは、ソーダ水よりも密度が高いので、ソーダ水を入れたボウルの底に沈む。二酸化炭素のあわが
ドライフルーツのざらざらの表面に当たると、二酸化炭素はそこにひっかかる。あわが集まって大きなあわになっ
ていく。そのうち、ドライフルーツの下に気体が十分にたまると、今度は水面に浮かんでくる。水面では気体の
一部が逃げて、ドライフルーツは沈む。この浮き・沈みのくり返しは、二酸化炭素がすべて逃げて、ソーダ水
の二酸化炭素が抜けてしまうまで続くんだ。

マフィン

気体の圧力
（きたい）（あつりょく）

難易度（なんいど）	大人と（おとな）いっしょに
作業時間（さぎょうじかん）	15分（ふん）
待ち時間（まじかん）	40分（ふん）

気体が熱せられると、分子の動きが速くなって、ぶつかりあいながら、お互いの距離が広くなる。パン屋さんは、昔からふわふわのパンを作るために、気体をふくらませてきた。マフィンを作るときも、ふくらむ熱い空気を使って生地を風船のようにふくらませる。

作り方（つくりかた）

1

小麦粉（こむぎこ）をボウルに入れて、塩（しお）を加えてかき混ぜ、コショウで風味（ふうみ）をととのえる。卵（たまご）と牛乳（ぎゅうにゅう）をボウルに加え、すべてを合わせてあわ立て、なめらかな生地（きじ）を作る。

2 オーブン用ラック（たな）を置いて、230℃に予熱（よねつ）する。マフィン型（がた）それぞれにサラダ油（あぶら）小さじ1ずつを入れる。型をオーブンに入れて約10分（ぷん）、油が煙（けむり）を出すくらいまで熱する。つくりつけでないグリル用ラックや油切り用ラックなら、オーブン用プレートにのせる。

お役立ちメモ（やくだち）

熱い油が型から飛び出さないよう、ゆっくり注ぐこと。

3 大人（おとな）に手伝って（てつだ）もらって、熱く（あつ）なったマフィン型に生地をカップの2/3くらいまで入れる。型をオーブンに戻して（もど）扉（とびら）を閉め（し）、15〜20分加熱（ねつ）する。

必要なもの

使うもの
計量カップ、計量スプーン、大きめのボウル、あわ立て器、12個用マフィン型

材料
●小麦粉—カップ1（240mL）
●塩—小さじ2
●コショウ—少々
●卵—4個
●牛乳—カップ1/4（60mL）
●植物油—カップ1/2（120mL）

目のつけどころ！
マフィンに火が通るにつれて、中の空気がふくらんで、マフィン型の上に盛り上がるよ。

用語

「気化」
液体が十分な熱で気化になること。

4 15〜20分したら、オーブンの扉を慎重に開けて、水蒸気を逃がす。扉を閉めて、温度を190℃まで下げる。さらに8〜10分、マフィンがかりかりのきつね色になるまで加熱する。

科学のまど

マフィンの生地を予熱した型に入れると、外側はすぐに火が通り始める。小麦粉や卵のタンパク質やでんぷんが加熱されると、表面にぴったりふたをする。その間に、卵や牛乳の水分が水蒸気になる。水蒸気は生地の中から外側を押すが、通り抜けられるない。その代わり、外側の層が伸びて、風船のようにふくらむ。だから、できたマフィンの外側はかりかりで、内側は軽くふわふわになるんだ。

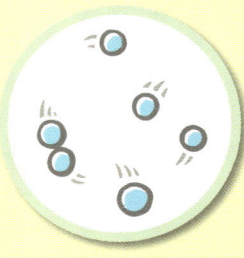

動きが速い気体の分子。外側を押して、そこが風船のようにふくらむ。

ポップコーン
気体の圧力による爆発

コーンの粒はトウモロコシの種だ。そこには植物の芽のもとになる胚があって、それといっしょに、種が芽を出すまでに必要な水分とでんぷんが入っている。ポップコーンを作るときに種を加熱すると、種皮と呼ばれる種の外側がすぐに固くなって中身を閉じ込めてしまう。中に閉じ込められた水分は、小さな爆発を起こすことになる。

作り方

1 大人に手伝ってもらって、油を深なべに入れ、中火のコンロにかける。油をゆっくり、2〜3分熱する。

2 熱したなべに触れないように気をつけて、コーンの粒（種）を加える。大人に手伝ってもらい、粒全体が平らになるように深なべをそっと揺する。なべにふたをして、30秒火から下ろす。

用語

「圧力」
何かが別の何かを押す力のこと。

必要なもの

使うもの
計量スプーンと計量カップ、（できれば透明の）ふたがある大型の深なべ、大型の鉢

材料
●サラダ油（植物性）―大さじ3
●ポップコーン用のコーン
　　―カップ1/3（80mL）

●溶かしバター―大さじ2、またはお好みの量
●塩―少々

種が裏返しになった！

目のつけどころ！
コーンの粒が十分温まると、はじけてふわふわになるよ。

３ ふたをした深なべを中火のコンロに戻す。コーンがすぐにはじけ始めるはず。始まったら、なべを静かに左右に揺する。できれば水蒸気を逃がすように、ふたを少しだけ開ける。はじけるのが遅くなって間隔が何秒か空くようになったら、すぐにポップコーンを鉢に移す。お好みの量のバターをたらし、塩を散らしてよく混ぜて味をなじませよう。

注意！
この小さな爆発を観察した後で食べること。

科学のまど

ポップコーン用のトウモロコシの粒（種）は、ゆでて食べるトウモロコシの粒よりも、皮が厚くてじょうぶなんだ。そのポップコーン用のコーンの粒を熱すると、粒の中の水分が気化して気体の水蒸気になる。水が水蒸気になると、体積が1700倍にも大きくなるんだ。コーンの粒（種）の中の気体は、急速に広がって、種皮を押す。最後には熱で種の中の圧力が大きくなって、コーンの粒が爆発するんだ。

粒の中に水蒸気がたまる。

水蒸気の圧力が粒を爆発させる。

観察しよう
びんの中の卵 1 —— 気体の体積の変化

君の頭の上には、今も大量の空気がある。君が立っているところから上空 150 km ほどの大気圏上層までの空気が君の頭を押している。その重さは 250kg くらいあるよ。でも頭の上にそんな重さを感じないのは、体が同じ圧力で押し返しているからなんだ。見たり触って感じたりできないから、なかなか信じられないよね。ここでは、空気の圧力を使って変わった卵のおやつを作れるよ。

作業時間　**5分**

目のつけどころ！
一瞬後に、卵はひとりでにびんの中に滑り込む。

注意！
びんが火で熱くなるかもしれない。さわる前に少し冷やすこと。

必要なもの

使うもの
バースデー用ろうそく2本、口が卵より少し小さいびん、マッチ、アイスティー用のスプーン

材料
● 固ゆで卵——1個

46

やり方

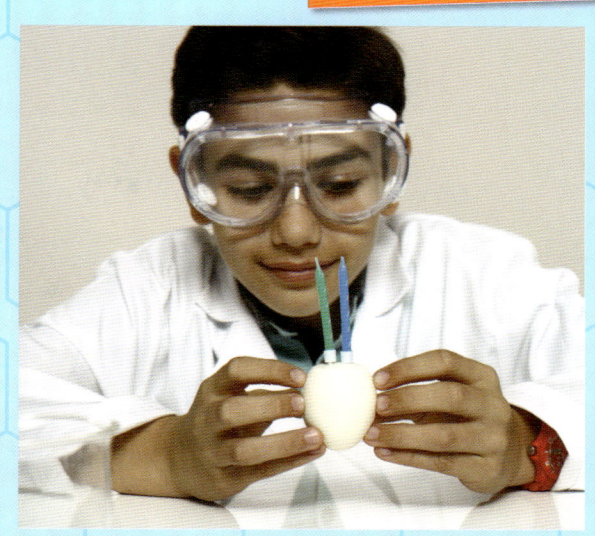

1 固ゆで卵のからをむいて、からのかけらが残らないように、さっと水で洗う。

2 バースデー用ろうそくを、卵の太い方の端に刺す。

3 大人にろうそくの火をつけてもらう。

4 燃えているろうそくの上に、びんを逆さまにして持ち、30秒ほど、中の空気を温める。

5 卵のろうそくが差された方を、すばやくびんの口に差し込んで、口をぴったり閉じ、びんの上下を入れ替える。ろうそくがひとりでに落ちて、卵が自然にびんの中にすべりこむまで待つ。

6 アイスティー用の長いスプーンを使って、卵をびんの中に入れたまま食べる。ろうそくは食べないよう、注意してね。

お役立ちメモ

牛乳びんや500mLのデカンタなどには、びんの口の大きさが、卵より小さいものがあるよ。

科学のまど

卵をびんの口に置いただけでは、気圧で押し込むことはできない。なぜならば、びんの中にも空気があって、びんの上の空気に対抗して押し返すからだ。ところがびんの中でろうそくを燃やすと、びんの中の空気が熱くなって膨張し、空気の一部と燃えて出た水蒸気はびんからぬける。びんの口を卵でふさぐと、びんの中の空気と水蒸気が冷えて収縮するので、一気に外の気圧が中の気圧よりも高くなる。それで外から卵に圧力がかかって卵をびんに押し込むんだ。

観察しよう🔍

びんの中の卵2—気体の体積の変化

46ページでは、ロウソクを使ってびんの中の空気を温めたけれど、卵にロウソクを刺さなくても、卵をびんの中に入れることができるよ。空気の力で卵を外に出すこともできるんだ。

作業時間　**5分**

必要なもの

使うもの

口が卵より少し小さいびん、ボウル、なべ、熱いお湯、氷水、大きなスプーン（またはおたま）、トングや軍手など

材料

●固ゆで卵—1個

やり方

注意！
熱くなったびんは、トングや軍手を使って持とう。

 びんにお湯を入れてよく温めてから湯を捨て、びんの口の上にからをむいたゆで卵を置く。

 卵を置いたびんを、氷水を入れたボウルに入れる。大きなスプーンでびんに水をかけ、びんを冷やしていくと、卵がびんの中に入る。

目のつけどころ！
卵がびんの中に吸い込まれた！

だんだんと出てくるよ

３ 今度は、卵が入ったびんの中に水を少し入れ、氷水を入れたボウルでびん全体を冷やす。びんを逆さにし、卵がびんの口にはまるようにする。このとき、びんの中の水が全部出ないようにする。

４ びんをなべの上で逆さにしたままトングでつかみ、上からお湯をかける。びんの口に卵がしっかりはまったら、びんの口を上にして湯せんし、大きなスプーンやおたまで、びんにお湯をかけて温めよう。

科学のまど

47ページの「科学のまど」にもあるように、空気は温度が高くなると体積は大きくなり、温度が低くなるほど体積は小さくなるよ。最初にびんを温めると、中の空気の体積は大きくなってびんの外ににげていく。そこに卵でふたをして、びんを冷やすと、中の空気と水蒸気の体積は小さくなって卵が中に入ってしまうんだ。反対に、卵を取り出すときには、びんをよく冷やして中の空気を小さくちぢめてから、卵でふたをする。そしてびんをお湯で温めると、中の空気がふくらむんだ。とくに、びんの中に水を入れると、水が温められて気体の水蒸気になる。そのとき、水の体積は1700倍にもふくらむんだ。びんの中の空気がとくに大きく膨張して、ふたになっていた卵を押し出してくれるよ。

観察しよう🔍
ふくらむマシュマロ──気圧を下げる

マシュマロを食べると、口の中でスポンジをかんだような感じがする。マシュマロの中には空気が入った小さなすき間がたくさんあるからだ。マシュマロの中の気圧は、たいてい大気圧とつりあっている。この実験では、このバランスをくずしたとき、マシュマロがどうなるかがわかるよ。

やり方

必要なもの

使うもの
綿棒、小さなガラスびん、工作用粘土、ストロー、鏡

材料
●食用着色料──2色
●マシュマロ──1個

1 綿棒を食用着色料にひたし、それを使ってマシュマロに顔を描く。

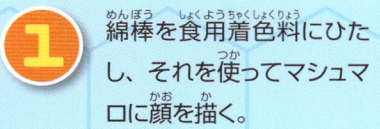

3 工作用粘土でストローをくるむ。

4 ストローをびんの中に差し込み、粘土を足して、びんの口を完全にふさぐ。ストローを静かに吹いて、びんの口が完全にふさがっているか確かめる。

2 マシュマロをびんの中に入れる。

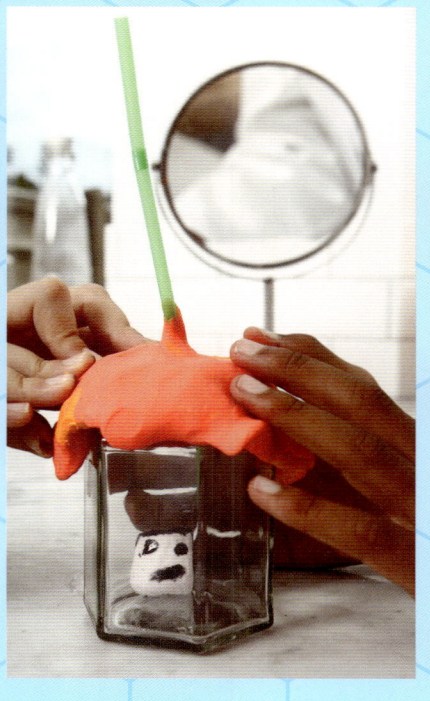

お役立ちメモ

実験は必ず1回でうまくいくとはかぎらないし、この実験は難しい。1回ではうまくいかなければ、粘土を厚くして、もっと口のせまいびんで試してみよう。

目のつけどころ！

ストローを吸うと、マシュマロはふくらみ、描いた顔が引きのばされる。ストローを口からはなすとマシュマロはしぼむ。

5

ストローをくわえたままでもびんの中のマシュマロが見えるように、鏡を置く。ストローをくわえて、今度はできるだけ多くの空気をびんから吸い出す。吸いながら鏡に映ったマシュマロを観察する。

6

ストローを口からはなす。マシュマロがどんな反応をするか見る。

科学のまど

ストローを吸うと、びんの中から空気が取りのぞかれる。すると、びんの中の空気の圧力が、マシュマロの中にある空気の圧力より低くなる。すると、マシュマロの中のすき間にある空気の圧力が高くなるので、マシュマロがふくらみ、描いた絵が引きのばされるんだ。ストローを口からはなして吸うのを止めると、ストローの口からびんの中に空気が流れ込み、マシュマロを押して元の大きさに戻すんだ。

観察しよう🔍

腐ったリンゴ―ホルモンと完熟

洋ナシの実が木で熟すとき、固くて酸っぱい実から始まる。時間がたつと、大きくなって熟す。ほとんどの果物は、木からもいだ後も、熟しつづける。でも、熟しているときの果物にはほかの果物も熟させるというしかけがある。それで「腐ったリンゴがほかのリンゴもだめにする」ということわざもできたんだ。この実験では、熟したバナナを使って熟していない洋ナシを柔らかく、甘くする。

必要なもの

使うもの
紙袋

材料
- 熟してない洋ナシ―2個
- よく熟したバナナ―1本

やり方

1 熟していない洋ナシの実を、風通しの良いテーブルまたはカウンターに置く。

2 もう一つの洋ナシとバナナの実を紙袋に入れて、袋の口を丸めて閉じる。3つの果物を一晩放って置く。

3 翌朝、紙袋の洋ナシとカウンターの洋ナシの実を比べてみる。

目のつけどころ！

バナナといっしょに袋に入れられた洋ナシは、カウンターに置いていたものよりも熟して柔らかくなる。

科学のまど

植物の中にはホルモンと呼ばれる化学物質があって、植物のそれぞれの部分に大きくなったり何かを作ったりする時期を教える。人の体にもホルモンがあって、大きくなったり何かを作ったりするのをコントロールしている。人の体にあるホルモンは血液に溶けているけれども、熟すのをコントロールする植物のホルモンはエチレンという気体なんだ。ある果物が熟してエチレンという気体を出すと、それはまわりの果物にも影響する。熟したバナナとまだ熟していない実を同じ袋の中に入れると、バナナから出るエチレンが袋の中にある熟していない実を、袋の外にある熟していない実よりも早く熟させるんだ。

4章
しょう

作用と反応
さ よう　はん のう

材料を混ぜるとき、分子の並び方がそれまでと変わることがあるよ。分子から原子がはずれたり、別々だった分子が一つにまとまったりすることがあるんだ。分子の並び方が変わることを、「化学反応」って言うよ。この章では、いろいろな材料を使って化学反応を起こすぞ。

クッキー
pHバランスで色が変化

心配しなくても、ここで作るクッキーはキャベツ色をしているだけで、キャベツの味はしないよ。紫キャベツの色は、「色素」と呼ばれる色の分子でついている。色の分子は、特定の色の光を反射する。紫キャベツの色素は、赤と青の光を反射してそれが目に届くので、紫に見えるんだ。まずここで使うキャベツジュースを準備するよ。そうしたらクッキーを作って、キャベツの秘密の力が発揮できる。

作り方　**パート1：キャベツジュースの準備**

1 大人に手伝ってもらって、キャベツを細く切る。それを水といっしょになべに入れる。

2 なべを強火にかけて、煮立てる。5分ゆでてから、穴あきおたまでキャベツを取り出し、残ったゆで汁がもとの水の1/6ほどに減って、色が濃くなるまで煮詰める。

お役立ちメモ

ゆで汁を長く煮るほど、色は濃くなるよ。色つきクッキーを作るには、濃い色のゆで汁が決め手。透明なガラスごしに見ると、ほとんど黒く見えるのが良い。

3 なべを火からおろして冷ます。ゆで汁をざるかふるいでこして、ゆで汁をカップに入れる。ゆで汁が冷める間にクッキーの生地を作る。

必要なもの

使うもの

包丁、計量カップ、計量スプーン、なべ、穴あきおたま、目の細かいざる（または粉ふるい）、カップ、ボウルいくつか、木製スプーン（または電動ミキサー）、オーブン用プレート、フライ返し、キッチンペーパー、皿

材料

パート1
- ●紫キャベツ—1/2個
- ●水—カップ3 (720mL) ほど

パート2
- ●溶かしバター
  —カップ1/2 (120mL)

- ●砂糖—カップ1/3 (80mL)
- ●小麦粉
  —カップ1と1/2 (360mL)
- ●ベーキングパウダー—小さじ1
- ●牛乳—大さじ10
- ●レモン汁—小さじ1

ゆで汁とレモン汁を混ぜるとpHバランスが変わるよ。

科学のまど

紫キャベツの色素はその分子の形のせいで紫色を反射する。それを酸（レモン汁）と混ぜると、化学反応が起きて、色素の分子の形が変わる、というわけ。新しい分子の形で反射する光はピンク色になる。酸は、やけどすることもある危険な物質だと思っているかもしれないし、強い酸なら確かに危険なことがある。でも、酸性の食べ物も多い。レモン汁とか、ほかのすっぱい味がするほとんどどんなものでもそうだ。バニラでさえ弱酸性なので、このレシピには入れていない。

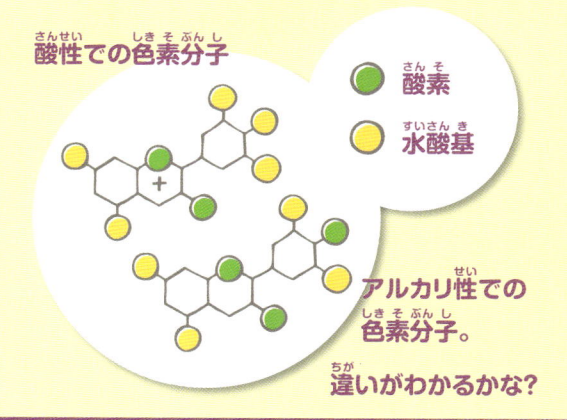

酸性での色素分子

- 酸素
- 水酸基

アルカリ性での色素分子。

違いがわかるかな？

続く ▶▶▶

クッキー
pHバランスで色が変化

▶▶▶ 続き

作り方　　パート2：クッキーを焼こう!!

1 オーブンを180℃に予熱する。ボウルで木製スプーンまたは電動ミキサーを使って、バターと砂糖をかき回してクリームのようにする。

2 そのボウルに小麦粉とベーキングパウダーをふるいにかけて入れ、混ぜ合わせる。混合物は、ぱらぱらのパンくずのようになるはず。

3 混合物を2つのボウルに分ける。一方には、冷ましたキャベツのゆで汁小さじ3と、牛乳大さじ5を加えてかき混ぜる。

色が変わるよ!

目のつけどころ!
一方のクッキーは紫で、もう一方のクッキーはピンクになるはず。

4 カップでキャベツのゆで汁小さじ2とレモン汁を混ぜる。びっくりするほど色が変わるよ。この混合物をもう1つのボウルに加える。残っている大さじ5の牛乳も加え、かき混ぜる。

5 2種類の生地を大さじ1杯ほどの大きさにしてオーブン用プレートに並べる。端がきつね色になるまで、10～12分焼く。大人に手伝ってもらってオーブンからプレートを取り出し、フライ返しなどを使ってワイヤーラックやキッチンペーパーをしいた皿に移して熱を冷ます。

観察しよう🔍
酸やアルカリで反応が起きる！──色の手品

紫キャベツのゆで汁には、もう1つしかけが隠れているよ。アルカリ性の食べ物と混ぜると、青くなり、強いアルカリ性のものと混ぜたら緑になる。残ったキャベツのゆで汁をいろいろな食べ物と混ぜてみて、どんな色になるか確かめよう。

作業時間　**10分**

やり方

1
残ったキャベツのゆで汁を、何本かのびんに注ぐ。

2
それぞれのびんか試験管に入れる食べ物を選ぶ。最初は卵の白身か重曹にする。

3
ゆで汁と食べ物をかき混ぜて観察する。

用語
「アルカリ」
pH が 7 より大きい物質のこと。

目のつけどころ！
キャベツのゆで汁が赤かピンクに変わったら、その食べ物は酸性。青か緑に変わったら、そいつはアルカリ性だ。

pH しきべつ表

酸 ←―――――― ――――――→ アルカリ

必要なもの

使うもの
透明なガラスびん（またはグラス、試験管。何本か）

材料
●残ったキャベツのゆで汁（54ページの「クッキー」で使ったもの）
●卵の白身、または重曹（アルカリ）
●家にあるほかの食べ物や飲み物

科学のまど

科学者は pH を使って酸の強さを表す。pH が 7 より小さくなる物質は「酸」で、数が小さいほど酸性は強くなる。pH が 7 より大きくなる物質は「アルカリ」と呼ばれる。pH が 7 というのは、純水のように酸でもアルカリでもない、中性のものであることを表す。酸はすっぱく、アルカリは苦い。食べ物は苦いアルカリよりすっぱい酸の方が多い。実は、人間（とくに子ども）が苦い味を嫌う理由の一つは、毒は苦いことが多いからだ。

観察しよう🔍

色変わりいろいろ―紅茶のふしぎ

色が変わる食べ物は紫キャベツだけじゃないよ。紅茶もレモンなどで酸性が強まると、色がうすまるんだ。紅茶の色の変化はそれだけじゃない。ハチミツを入れたり、冷蔵庫で冷やしたりしても、色が変わるよ。自分で紅茶を入れて確かめてみよう。

作業時間	**10**分	
待ち時間	**2**時間	

必要なもの

使うもの

ティーポット、熱いお湯、耐熱カップ、スプーン、冷蔵庫

材料

● 紅茶 （茶葉またはティーバッグ）

● レモン（レモン汁）

● ハチミツ

やり方

1 ティーポットに紅茶の茶葉を入れて、カップ4杯分の紅茶を入れよう。

2 紅茶をカップに入れたら、1つは冷蔵庫で冷やそう。（2時間かそれ以上）

3 ほかの1つのカップにレモン汁、また別のカップにはハチミツを入れて、よくかき混ぜよう。

4 それぞれの紅茶の色をくらべてみよう。

ハチミツ入り

冷やしたもの

レモン入り

科学のまど

茶には、渋味のもとのタンニンというポリフェノールがたくさん含まれている。茶の葉が酸素と反応すると、茶に含まれるタンニンがテアフラビンなどの色素になり、オレンジや赤茶色の紅茶の色をつくるよ。テアフラビンは、中性であれば赤っぽい色をしているけれど、酸性が強いほど色がうすくなる。また、ハチミツを入れて色が黒っぽくなるのは、ハチミツに含まれる鉄とタンニンがくっつくからなんだ。鉄分の少ないハチミツだと黒くならないよ。また、冷蔵庫に入れた紅茶が白っぽくにごるのは、ゆっくり冷えるとタンニンとカフェインがくっついてしまうからなんだ。氷に注いで急速に冷やしたり、タンニンが少ない紅茶だと色が変わりにくいよ。

観察しよう🔍

リンゴの変色を防ぐ―酵素のはたらきを抑える

切ったリンゴやバナナを置いておくと、色が茶色っぽく変わってしまう。あまりおいしそうに見えないから、色が変わらないように塩水につけるんだ。果物がしょっぱくなるのがいやな人は、何を使うとよいだろう。レモン汁やハチミツ水につけて、リンゴの変色を防いでみよう。

作業時間	15分	
待ち時間	2時間	

必要なもの

使うもの
包丁、まな板、計量カップ、深さのある容器5つ、平皿6つ

材料
- リンゴ―1つ
- 水―400mL
- 塩―1つまみ
- 砂糖―大さじ1/2
- ハチミツ―大さじ1
- レモン汁―100mL

用語

「酵素」
生き物の体の中で化学反応が起きやすくするタンパク質。

やり方

1 容器を5つ用意して、4つに水を100mLずつ入れ、1つにはレモン汁を入れる。水を入れた容器には、それぞれ別に、塩、砂糖、ハチミツを入れて、よく混ぜて溶かす。

水　ハチミツ水　塩水　レモン汁　砂糖水

2 リンゴを切って、1きれずつ、水、塩水、砂糖水、ハチミツ水、レモン汁にくぐらせる。（1きれは何もせずに皿に置いておく）

2時間後

無し　水　ハチミツ水　塩水　砂糖水　レモン汁

3 皿にのせて、時間ごとに色が変わるか観察しよう。

科学のまど 👀

リンゴやバナナには、ポリフェノールというアミノ酸の一種と酵素が含まれている。果物を切った面が酸素に触れると、酵素がポリフェノールと酸素を結びつけて、茶色っぽく変色させるんだ。そこで切った面を酸素に触れさせないようにしたり（ハチミツ水、砂糖水、水）、酵素のはたらきをじゃましたり（塩水、レモン汁）すると、リンゴなどの色が変わるのを防ぐことができるんだ。

バナナパン
酸をアルカリと混ぜる1

酸とアルカリの力を利用すると、いろんな料理の技が使えるようになる。酸の分子もアルカリの分子も反応しやすいから、すぐに新しい物質に変化するんだ。このレシピでは、バターミルクまたは乳清（ホエーミルク）が酸で、重曹がアルカリだよ。この2つを混ぜて、化学反応を起こさせて、バナナパンができるところを見てみよう。

必要なもの

使うもの

20×10cmほどのパウンドケーキの型、クッキングシート、計量カップ、計量スプーン、ボウル（複数）、あわ立て器、ふるい、串、へら

材料

- サラダ油（植物性）
  —カップ1/2（120mL）と、型にぬるために少々
- 卵—2個
- バターミルク（または乳清）
  —カップ1/3（80mL）
- つぶしたバナナ
  —カップ1（240mL）
  （小さいもの3本分ほど）
- 細かくすりおろしたオレンジの皮—小さじ2
- 砂糖
  —カップ1と1/2（360mL）
- 小麦粉—カップ1と3/4
- 重曹—小さじ1
- 塩—小さじ1/2
- くだいたクルミ
  —カップ1/2（120mL）

作り方

1 オーブンを170℃で予熱する。パウンドケーキの型にたっぷり油をぬり、底にクッキングシートをしく。

2 大型のボウルで卵、バターミルク（乳清）、油、バナナ、オレンジの皮を混ぜてあわ立てる。

中に二酸化炭素がある。

用語

「化学反応」

化学物質の原子の並び方が変わって別の物質になること。

科学のまど

重曹の分子はナトリウム原子1個と水素原子1個、二酸化炭素分子1個、酸素原子1個でできている。これがバターミルクまたは乳清（ホエーミルク）のような酸に混じると、化学反応で重曹が分解されて、二酸化炭素のガスが出る。その小さいあわが生地を押し出し、ふわっとふくらみ、焼けたパンがふわふわになる、というわけ。重曹分子の残りのナトリウムなどがパンの中に残るので、重曹を入れすぎると、パンがしょっぱくなる。

続く ▶▶▶

バナナパン
酸をアルカリと混ぜる1

▶▶▶ 続き

作り方

用語

「生地」
焼くとケーキやパンになる、材料を混ぜたもののこと。

3 別のボウルで砂糖、小麦粉、重曹、塩をふるいにかける。水気のない方の材料をバナナを入れた方のボウルにクルミとともに加える。

4 よく混ぜて、生地を準備した型に入れる。型の半分くらいまでにする。

5 1時間20分オーブンで焼き、大人に手伝ってもらって串をパンの中央に刺しても生地がくっつかないかどうか確かめる。必要ならもう10分ほど焼く。大人にオーブンからバナナパンを取り出してもらい、型の中で冷ます。

高さを測ろう。

目のつけどころ!

パンをオーブンから出すと、高くなっていることに注目。焼いている間にパンがもり上がるよ。

オレンジソーダ
酸をアルカリと混ぜる2

バナナパンを焼くとき、生地の中で重曹と酸の反応が起きる。この実験では、自分で体に良いしゅわしゅわの飲み物を作りながら、その反応が起きているところを見るよ。

作り方

 **1** 重曹ひとつまみをグラスに入れる。

 2 グラスにオレンジジュースを入れて、かき混ぜる。

 **3** すぐに飲む。炭酸の飲み物を空気にさらすと、二酸化炭素が逃げて、しゅわしゅわがなくなるよ。

 **目のつけどころ!**

飲み物の中に小さなあわができて、表面に浮かんでくる。一気に飲もう。口の中でしゅわしゅわするよ。

必要なもの

使うもの

グラス、スプーン

材料

●重曹—ひとつまみ

●オレンジジュース（100%）
—カップ1（240mL）

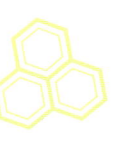 ### 科学のまど

オレンジジュースは酸。それがアルカリの重曹と混じると、バナナパンの生地のときと同じ化学反応が起きる。小麦粉もバナナもないので、二酸化炭素のあわができるのが見える。コーラなどの炭酸飲料も、二酸化炭素のあわが詰め込まれてしゅわしゅわになっている。

トフィー
酸をアルカリと混ぜる3

「バナナパン」（60ページ）を作ったときには、二酸化炭素が生地をふくらませるのを見たね。今度のお菓子のレシピでは、同じような反応が起きるけど、今回は酢が重曹を分解するよ。酢はバターミルクや乳清（ホエーミルク）と同じで酸性だ。実は、酢にある酸を科学では「酢酸」というんだ。そう言うとおいしそうじゃないかもしれないけど、もちろん穴あきトフィーはおいしいよ。

必要なもの

使うもの
20cm四方のケーキ型、計量カップ、計量スプーン、シチューなべ（または圧力がま）、木製スプーン、調理（キッチン）用温度計、オーブン用手袋

材料
- ●サラダ油（植物性）
  ―型にぬる分
- ●砂糖
  ―カップ2（240mL）
- ●酢―大さじ4
- ●ライト・コーンシロップ
  ―大さじ3
- ●水―カップ2（240mL）
- ●重曹―小さじ1

注意！
なべから型に移すときの溶けた砂糖はものすごく熱い。手を守るためにオーブン用手袋をはめて、はねた砂糖のしずくが皮ふにつかないようにすること。

目のつけどころ！
重曹を入れると、砂糖の溶液はシューシューとあわを立てる。噴きこぼれないように、大きななべを使おう。熱した砂糖の溶液が冷えると、あわがあったところに穴が残る。

作り方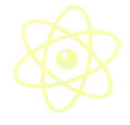

 **1** ケーキ型に油をぬっておく。

2 なべに砂糖、酢、コーンシロップ、水を入れる。大人に手伝ってもらって、なべを中火のコンロにかけ、中身を沸騰させながら、木製スプーンでかき混ぜつづける。

3 温度計で砂糖の溶液の温度をはかり、140℃になったら、なべを火からおろす。

重曹を入れて、ぱちぱちするのを見よう。

4 なべの中の溶液に重曹を入れて、かき混ぜる。

5 混ぜたらすぐに、用意してあったケーキ型に入れる。完全に冷めるまでそのままにする。

お役立ちメモ

熱した砂糖の溶液を型に入れても放って置くこと。のばさない。でないと、できているあわがはじけてしまう。

用語

「溶液」

何かの物質が別の物質に溶け込んでいる混合物の液体。

科学のまど

穴あきトフィーをつくる混合物では、酢（酸）が重曹（アルカリ）を分解して二酸化炭素ができる。酸もアルカリもすぐに分解して別の分子になる。砂糖の方はずっと安定しているので、砂糖は化学反応をしない。ただし、砂糖は溶けて液体になり、二酸化炭素のあわを閉じ込める。気体のあわはキャンディーの中に穴を作り、砂糖が冷えて固まると、その穴のまわりで固まってキャンディーをさくさくにするんだ。

エア・イン・チョコ
反応と中和
はんのう　ちゅうわ

ケーキやクッキーのふくらまし粉としてベーキングパウダーがよく使われている。このベーキングパウダーには、アルカリ性の重曹と酒石酸（酒石英）やクエン酸など酸性になるものが入っていて、それらが反応して二酸化炭素を出すことで、ケーキやクッキーなどの生地をふくらませるんだ。チョコレートだって、ベーキングパウダーを使えばふくらますことができるよ。

必要なもの

使うもの
耐熱カップ、包丁、まな板、計量スプーン、スプーン、冷蔵庫、シリコンカップ

材料
- ●板チョコレート―1枚
- ●牛乳―大さじ1
- ●ベーキングパウダー―5g

作り方

 **1** 板チョコレートを包丁できざんで、小さくする。

注意！
チョコレートに含まれる油分が分離するので、加熱しすぎないこと。

 2 カップにきざんだチョコレートと牛乳を入れて、600Wの電子レンジで20秒※温める。

 **3** チョコレートが十分に柔らかくない場合10秒ずつ温めて、どろりとした液状になるように混ぜる。

※ 温める時間は目安だよ。電子レンジの機種などによっても変わるので、加減しよう。

4 液状になったチョコレートに、ベーキングパウダーを入れ、全体になじむように、よくかき混ぜる。

5 チョコレートをシリコンカップに入れ、電子レンジで 10 秒温めたら、常温で1時間ほど冷ます。

目のつけどころ！
チョコレートなのに、ケーキの生地などのように小さな穴がたくさんあいているよ。

6 冷蔵庫に入れて、さらに1時間冷やしたら、エア・イン・チョコのできあがり。

科学のまど

ベーキングパウダーには、重曹と酒石酸などの酸性剤、さらにそれらの反応をじゃまするコーンスターチや小麦粉が入っているよ。酸性剤やコーンスターチなどの量や組み合わせを変えて、二酸化炭素が発生する時間などを調節できるんだ。また、重曹を使うときにレモン汁や酢などの酸性の液体を入れると苦味を抑えられるように、ベーキングパウダーでは、重曹にある独特の匂いや苦味が出る点が改善されているんだ。

ぷるぷるゼリー
分子の並び方を変える

ゼリーを食べるときにはなめらかな感じがするけど、ゼラチンはもともと動物の骨や軟骨なんだよ。骨ではすごく長い分子の糸が3本、きちんとより合わされている。カルシウムなどの物質がその糸を硬くして、骨を丈夫で強くしているんだ。店で売ってる粉ゼラチンは、骨から取り出して乾かしたもの。このレシピでは、ゼラチン分子どうしを反応させて、液体をゼリーにするよ。

作り方

目のつけどころ！
ゼラチンが冷えると、液体がゼリーに変わるよ。

ゼラチンを溶かそう。

 カップ1杯分（240mL）の水をガラスのオーブン皿に注ぐ。水の中に粉ゼラチンを振り入れて、5分ほどかけて柔らかくし、完全に混ぜる。

 その間に、やかんでお湯をわかす。そして大人に手伝ってもらって、熱湯をカップ2杯分（480mL）をはかっておく。

必要なもの

使うもの
耐熱性の計量カップ、計量スプーン、大きなガラスのオーブン皿、やかん、木製スプーン

材料
- 粉ゼラチン（無味）—大さじ2
- 甘味料無添加の粉末ジュース（何味でもよい）—約33g
- 砂糖（または甘味料）—3/4カップ（180mL）、またはお好みの量

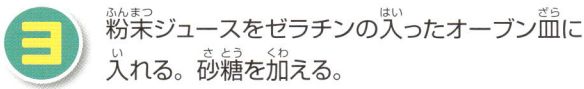

3 粉末ジュースをゼラチンの入ったオーブン皿に入れる。砂糖を加える。

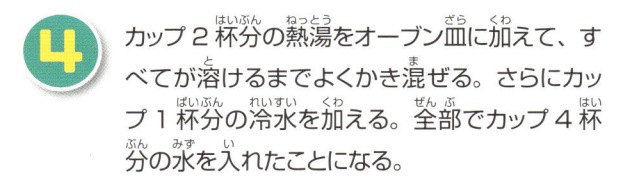

4 カップ2杯分の熱湯をオーブン皿に加えて、すべてが溶けるまでよくかき混ぜる。さらにカップ1杯分の冷水を加える。全部でカップ4杯分の水を入れたことになる。

5 混合物の味見をして、必要なら砂糖を足す。固まるまで1～2時間、冷蔵庫で冷やす。

科学のまど

袋に入ったスパゲティを想像しよう。袋では、めんはまっすぐで、たてに並んでいる。でも、スパゲティをゆでてかき混ぜてから皿にのせると、からまってまとまる。これは、ゼラチン分子がお湯で温められたときに起きることに似ている。きちんとよりあわさったゼラチンを熱がほどき、ゆるんだゼラチン分子が水中でうずまく。ゼラチンが冷えると分子はまたきちんとよりあわさろうとするが、もつれた網のように巻きつく。水がそのゼラチン分子の網の中に閉じ込められると動きまわれなくなって、なめらかなゼリーができるんだ。

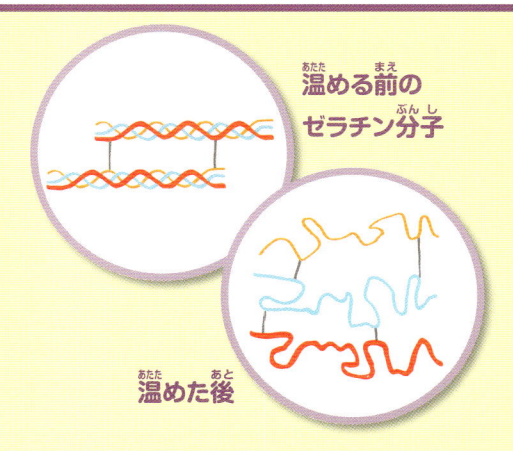

温める前の
ゼラチン分子

温めた後

観察しよう🔍
固まる寒天と固まらないゼリー

ゼラチンと寒天は、ジュースなどを固めるゼリーによく使われているよ。ゼラチンのゼリーと寒天では、食感や固まる温度に違いがあって、ほかに入れるフルーツによっても大きな違いが出てくるんだ。好きなジュースを使ったゼリーと寒天で、実験してみよう。

必要なもの

使うもの

計量カップ、ボウル、なべ、型用容器（複数）、皿、包丁、まな板

材料

- ●粉ゼラチン—5g
- ●お湯—50mL
- ●粉寒天—2〜3g
- ●水—50mL
- ●好きなジュース
　—それぞれ200mLずつ
- ●キウイフルーツ—1個

寒天　　　　ゼリー

10時間後

寒天　　　　ゼリー

やり方

1 粉ゼラチンと粉寒天を使って、好きなジュースでゼリーと寒天を作る。

2 冷やして固めたゼリーと寒天の上に、切ったキウイフルーツをのせて、冷蔵庫に入れて一晩置いておく。

キウイを取ると…

寒天　　　　ゼリー

科学のまど

ゼラチンは、ウシやブタの骨や皮などからつくった動物性のタンパク質でできている。寒天はテングサなどの海藻類から作られた、人の体の中では消化できない食物繊維なんだ。キウイフルーツやパイナップルには、タンパク質を分解する酵素（59ページ）が含まれているので、ゼリーが固まらなくなってしまうんだ。

クランベリーソース

冷却すると固まる

秋の感謝祭では、クランベリーソースの七面鳥が出てくる。これはおいしい！ 昔ながらのクランベリーソースがどろっとしていて液体状の家庭もあれば、固まったゼリーのようなソースがお好みの家庭もある。どちらのソースも材料は同じなのに、なぜだろう。これはソース用の材料で化学反応が起きる量の違いなんだ。このレシピでは、両方のソースの秘密を解明しよう。

必要なもの

使うもの
計量カップ、深なべ、スプーン、広口びん、ボウル

材料
- 三温糖—軽くカップ1/2（120mL）
- オレンジジュース—カップ1/2（120mL）
- クランベリー（生でも冷凍でもよい）—カップ2（480mL）

お役立ちメモ
底にあるソースが焦げないように、何度もかき混ぜよう。

作り方

1 砂糖とオレンジジュースをなべで合わせて、中火のコンロでわかす。

2 クランベリーを加え、ほとんどが柔らかくなっても、形は残るほどになるまで煮立たせる。生のクランベリーなら5分ほど、冷凍なら8〜10分ほど。

3 できたものの約半分をボウルに移し、冷ます。

続く ▶▶▶ 71

4

残りのソースは中火でさらに煮て、実をつぶし、ときどきかき混ぜながら4〜5分煮る。このころには、クランベリーはばらばらになって、ソースはどろどろしてくる。

5

どろどろのソースをびんに移し、冷蔵庫に入れて冷やす。ボウルに入れておいた柔らかい方のソースは、出す前に温めてもよい。

👁 目のつけどころ！

1つ目は柔らかくてどろどろのソースができて、2つ目は固まったゼリーができるよ。

科学のまど

「ぷるぷるゼリー」（68ページ）では、骨から取った長いゼラチン分子がからみ合ってゼリーになることを知った。クランベリーには、それとは別のペクチンという分子がある。これもゼラチンと同じようなはたらきをする。自然界では、ペクチンは植物の細胞がまとまるのを助ける。キッチンでは、ペクチンはクランベリーソースを固めることができる。クランベリーを水に入れて熱すると、ペクチンの一部が実から出てくる。クランベリーを熱する時間が長いほど、ペクチンが水に出てきてソースが固くなる。そこにしかけがある。ペクチン分子にとっていちばん楽な反応は、ほかのペクチン分子ではなく水と結びつくことだ。それには砂糖を加えなければならない。砂糖が水の分子と先に結びつくと、ペクチン分子どうしでくっつくようになり、ソースがどろりとする。同時に、口がすぼまるようなすっぱいクランベリーに砂糖がつける味がありがたい。

プリン

加熱すると固まる

冷やして固めるゼリーや寒天などと反対に、タンパク質が加熱すると固まる性質を利用した食べ物がプリンや茶碗蒸しだよ。

必要なもの

使うもの

ティッシュ、ラップ、耐熱カップ、ボウル、あわ立て器、計量カップ、大さじ、小さじ、茶こし

材料

カラメル
- 砂糖—大さじ1
- 水—小さじ2
- 油—適量

プリン液
- 卵—1個
- 牛乳—100mL
- 砂糖—大さじ1
- バニラエッセンス—2滴

作り方

1 カップにティッシュで薄く油をぬり、砂糖大さじ1、水小さじ1を入れ、600W の電子レンジで1分 30 秒※ 温める。軽く混ぜてから、水を小さじ1入れ、カラメルが茶色くなるまで 10 秒ずつ温めて様子を見る。

2 牛乳を電子レンジで 40 秒ほど温める。ボウルに牛乳、砂糖大さじ1、バニラエッセンス、割って混ぜた卵を入れてよくかき混ぜて、プリン液を作る。

3 カラメルを入れたマグカップに、プリン液を茶こしでこしながら入れる。

4 マグカップにラップを軽くかけて、電子レンジで 1 分温める。表面が固まっていたらできあがり。

お役立ちメモ

固まっていない場合は、余熱で固まるので、置いておく。

※ 温める時間は目安だよ。電子レンジの機種などによっても変わるので、加減しよう。

科学のまど

肉や魚、卵などをつくるタンパク質は、加熱すると固まる性質があるよ。ゆで卵や目玉焼きも加熱して作るね。プリンは、その性質を利用して作るお菓子なんだ。また、卵が固まる温度は、白身と黄身で違っていて、黄身は約65℃から固まりはじめ、75℃以上になると完全に固まってしまう。一方、白身は約60℃から固まりはじめ、80℃以上で完全に固まる。この固まる温度の違いから、70℃で20〜30分温めると温泉卵ができるよ。

観察しよう🔍
水からどろどろへ──食物繊維の粘土

野原の雑草オオバコは、種の中にある繊維分子が水と反応すると、水の分子とつながってどんどんふくらむよ。元の大きさの何倍にもふくらんだ繊維は、種が育つための水分を確保する。ほんの少しのオオバコの繊維がコップ1杯の水と反応して、ものすごい量の粘土になるよ。

 作業時間　**15分**

必要なもの

🚫🍴

使うもの
電子レンジ用容器、オーブン用手袋

材料
● オオバコ系ファイバーサプリ粉末──大さじ1
● 水──カップ1（240mL）
● 着色料──適量

目のつけどころ！👁✨
液体はつるつるの粘土に変身する。

やり方🧪

1 ファイバーサプリ、水、使うなら着色料何滴かを電子レンジで使える大きな容器に入れる。

2 混合物を電子レンジで5分加熱する。加熱しているところを観察して、噴きこぼれるようなら、電子レンジをとめて少し冷ましてから続ける。

3 オーブン用手袋をして容器を電子レンジから取り出すと、粘土ができている。できたての粘土はとても熱いので、少なくとも5分は待って、冷ましてから触ってみよう。

お役立ちメモ✏

オオバコの粉に加える水の量を変える実験もしてみよう。水が少ないと、粘土はゴムのようになり、水分が多い方がねばねばになる。

科学のまど

オオバコの繊維、ペクチン（72ページ）あるいはゼラチン（68ページ）の分子を目で見ることができたら、すべてクリップをつなげた鎖のように見えるだろう。そうした分子は、短かくて同じ形の部分が何度もくり返される長い分子になっていて、ポリマーと呼ばれる。人の腸にたくさんの水を引き入れるのに、オオバコの繊維ポリマーが使われる。このつるつるの粘土は、おなかが楽に動くのを助ける。でも、このレシピで作った粘土は食べないこと。気持ち悪くなるよ。

5章

キッチンで生物学

キッチンにはたぶん今も、人ではない生物が作っているものがいくつかあるよ。ヨーグルトとか、漬け物とか、チーズとかは、細菌が作っているんだ。菌類もキッチンで育つ——パンを作るのを手伝うために。でも、自分が何を食べているか、どうすれば本当にわかるんだろう。生物学が食べるものをどう作っているのか、調べてみよう。

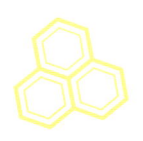

メレンゲ
見て味わう

食べ物を味わうときには、舌以外の感覚も大事だということは知っているかな。この実験では、目も大事だということがわかるよ。ここでは、友だちに2つのおやつを味見してもらおう。味わっているものと見ているものとが合わずに、みんなびっくりするよ。

👁✨ 目のつけどころ！

ほとんどの人が、オレンジ色のメレンゲはオレンジの味で、黄色のメレンゲはレモンの味だと言うはず。

✏ お役立ちメモ

食べさせる友だちに、メレンゲを作るところは見せないこと。でないと脳の別の部分が割り込んできて、「だまされてる」ってわかっちゃう。

必要なもの

使うもの

オーブン用プレート2、クッキングシート、ボウル2、電動ミキサー、計量カップ、計量スプーン、おろし金、ゴムのへら、大きなスプーン

材料

● 卵白（室温のもの）―4個分
● 粉砂糖―カップ1（240mL）
● 酒石英―ひとつまみ
● 細かくすりおろした
　オレンジの皮―小さじ1
● 細かくすりおろした
　レモンの皮―小さじ1
● オレンジ色の着色料―小さじ1/4
● 黄色の着色料―小さじ1/4

作り方

1 オーブンを130℃に予熱する。プレートを並べてクッキングシートを敷いておく。

2 大きなボウルで、電動ミキサーを使って、角が立つくらいまで卵白をあわ立てる。砂糖の半分と酒石英を加え、すっかり混じり合うまでかき混ぜる。

3 残りの砂糖を、1度に大さじ1杯分くらいずつすべて加える。生地はどろどろして光沢が出てくる。

4 生地を2つのボウルに分ける。一方のボウルにはオレンジの皮と黄色の着色料を入れ、もう一方のボウルには、レモンの皮とオレンジ色の着色料を入れる。それぞれの生地をゴムのへらで静かに、皮がまじってしまうまで練る（色がまだらになっていても気にしない）。

5 練ったメレンゲを大きなスプーンで、用意したプレートにのせる（オレンジ味とレモン味を分けてのせる）。大人に手伝ってもらって、プレートをオーブンに移す。30分加熱してから温度を120℃に下げて、再び30分加熱する。温度を90℃に下げて、さらに30分加熱する。オーブンのスイッチを切って、メレンゲが冷めるまでオーブンの中に残す。

6 大人に手伝ってもらってオーブンからプレートを出す。メレンゲはクッキングシートからすぐにはがれるはず。友だちにあげて、味見してもらおう。

科学のまど

味の分子が舌の味蕾に触れると、味蕾は神経を通じて脳に信号を送る（味覚）。匂いの分子が鼻の感覚細胞に触れると、鼻は別の神経を通じて脳にその情報を送る（きゅう覚）。目もさらに情報を送り（視覚）、脳はすべての信号を整理して、何を味わっているか判断するんだ。以前の科学者は、脳は味と匂いだけを使って食べ物を判断していると考えていたが、最近の研究では、脳が矛盾する情報を受け取ると、目の情報が勝つことがあることを明らかにしたんだ。

視覚＋味覚＋きゅう覚＝味

アップルパイもどき
感覚をだます

メーカーは、調味料と着色料を使って楽しい食べ物を作ろうとする。実際の調味料や着色料が高すぎたり、ほかの材料との相性がよくなかったりすると、メーカーは食品のどの物質が特徴となる味を出すのかを明らかにして、その物質の代わりになる別の材料を探すんだ。このレシピでは、アップルパイの味や外見、香りを、リンゴを使わずに出せるよ。

必要なもの

使うもの
20cmほどのパイ皿（またはタルト型）、大きな深なべ、計量スプーン、計量カップ、包丁

材料
- 市販のパイ生地—2枚、袋の指示に従って柔らかくする
- 水—カップ2（480mL）
- 砂糖—カップ1と1/2（360mL）
- 酒石英—小さじ1と1/2
- リッツのような丸いバタークラッカー—25枚
- シナモン—小さじ1/2
- バター—大さじ2を小さな固まりに切る

作り方

1 パイ生地1枚をパイ皿かタルト型に敷く。後で使うときまで冷蔵庫にしまっておく。

2 オーブンを220℃で予熱する。大人に手伝ってもらって、水を入れたなべを強火のコンロにかけてお湯をわかす。砂糖と酒石英を混ぜ合わせる。手伝ってもらって、これを沸騰したお湯に入れ、溶けきるまでかき混ぜる。次にクラッカーを加えるが、混ぜないこと（クラッカーはできあがるとリンゴの代わりになる）。3分煮立たせて、なべを火からおろす。

3 大人に手伝ってもらい、やけどに気をつけて、**2** で作った混合物を **1** で用意したパイ皿かタルト型に、気をつけて注ぐ。上にシナモンをふり、バターを散らす。残った生地をパイの上にかぶせ、縁を指かフォークの先を使って閉じる。パイに何かをのせてもいいけど、必ず蒸気が抜ける穴を残すこと。

4 パイがきつね色になるまで 25 ～ 30 分焼く。大人に手伝ってもらって、オーブンからパイを取り出し、15 分ほど置いてから食べる。

アップルパイの味がする！

目のつけどころ！
パイはアップルパイのように見えるし、匂いもするし、味もする。

科学のまど

脳にたくさんの情報がいっしょに入ってきて、このレシピでアップルパイ味を作るよ。目は、それがアップルパイのように見えることを脳に知らせる。鼻は、シナモンの香りを感じて、アップルパイを連想させる。かむとクラッカーがアップルパイのような歯ざわりをもたらす。酒石英が最後の仕上げ。これには酒石酸が含まれる。リンゴにはいろいろな酸が含まれていて、酒石酸が含まれることも多い。酸は味蕾に結びついて、「すっぱい」という信号を脳に送る。この情報の組み合わせが、脳がアップルパイを食べていると思うようにしむける、というわけ。脳がこんなに簡単にだまされるなんて、びっくりだね。

観察しよう🔍

味覚の限界──キャンディーの味は？

キャンディーを口に入れると、だ液のはたらきでキャンディーのいろいろな分子が溶け、それが味蕾に当たる。舌の味蕾を固定するでこぼこは見えるけど、味蕾は口蓋（口の上壁）、のど、それに食道の上がわにもあるんだ。この味蕾には味を感じるための細胞があるけど、その細胞は思うほどたくさんの味に反応するわけじゃない。この実験では、味覚の限界がわかるよ。

必要なもの

使うもの
紙袋

材料
● いろいろな味の
　キャンディー

目のつけどころ！

最初はおもに砂糖の味がするけど、キャンディーが口の中にしばらくあると、味がわかりやすくなる。

やり方

1 キャンディーを出して、紙袋に入れる。

2 目を閉じて、片方の手で鼻をつまむ。

3 もう片方の手で、袋に手を入れて、キャンディーを1つ取り出す。覗かないこと。キャンディーを舌にのせて溶かす。何味か分かるか確かめる。

4 鼻はつまんだまま、口の中でキャンディーを1分溶かす。時間によって、何味かわかりやすくなったかどうかを確かめる。

5 キャンディーを見る。当たってた？

科学のまど

砂糖が味覚細胞につながると、脳に「甘い」という信号を送る。味覚細胞はちょっとジグソーパズルのピースに似ている。形が合う分子とだけつながって、つながれる形は少ししかない。味覚細胞は甘み、酸味、塩味、苦み、それにうまみと呼ばれる風味の分子とくっつくことができる。味と思われているそれ以外の味は、実は鼻で感じている。きゅう覚細胞にはもっと多くの種類の分子がはまる穴がある。キャンディーが舌の上にしばらくあると、分子の一部がのどの方から鼻に移動する。きゅう覚が加わると、キャンディーの「味」がわかりやすくなるんだ。

観察しよう🔍
匂いを作る─人工のイチゴ!?

イチゴの味や匂いがするのに、イチゴは入っていないキャンディがどうしてできるのか不思議に思ったことがあるでしょう。食品会社は、本物の食べ物にある物質を元に、人工の調味料や人工の香りを作るんだ。ほかの食べ物を使って、自分で人工のイチゴの香りが作れるよ。

必要なもの

使うもの
計量カップ、計量スプーン、包丁、フードプロセッサー

材料
- スナップエンドウ
　─カップ1/4 (60mL)
- リンゴ (ゴールデンデリシャス)
　─1/2個、ざく切りにする
- 三温糖─大さじ2

やり方

1

大人に手伝ってもらって、スナップエンドウ、リンゴ、三温糖をフードプロセッサーにかけて、細かくなって混じり合うまで混ぜ合わせる。ふたをとって匂いをかいでみよう。

目のつけどころ!
よくよく気をつけてかぐと、イチゴの匂いがするよ。

用語
「人工」
自然にあるものを人がまねて作ること。

科学のまど

イチゴには、いろいろな種類の物質の分子が含まれている。口や鼻にある感覚細胞には、その分子のうちごくわずかしかはまらないので、脳は、そのはまるひとにぎりの物質だけがあれば「イチゴ味」と思う。食品会社は、イチゴ味を作るのにイチゴがまるごとなくてもいいってことを知った。人が味や匂いとして感じる物質だけを集めればよい。このレシピの材料には、イチゴの匂いを生むのと同じ分子がたくさん含まれているんだ。でも味をみれば、味と匂いを感じるところがどれほど違うかがわかるだろう。

ヨーグルト
細菌を使って料理する

見ればわかるけど、このレシピの材料は多くない。ヨーグルト作りでは仕事のほとんどを乳酸菌という細菌がするからだ。そして、プレーンのヨーグルトがすっぱいのは、糖分を乳酸菌が食べてしまって、乳酸を作るからだよ。乳酸菌にとって乳酸は廃棄物だけど、ヨーグルト作りには大事なもの。そのおかげで牛乳の舌ざわりが、あのなめらかなヨーグルトの粘りになる。科学者、そして料理人としての君の仕事は、乳酸菌が育ちやすくしてやることだ。

作り方

1

牛乳をなべに入れ、なべの内側に温度計をセットする。大人に手伝ってもらって、なべを中火のコンロにかけて、何度もかき混ぜ、牛乳が85℃になるまで加熱する。

お役立ちメモ

フルーツやハチミツといっしょに食べよう。

必要なもの

使うもの

計量カップ、計量スプーン、深なべ、調理（キッチン）用温度計、大型のボウル、小型のボウル、口の広い保温できる魔法瓶（少なくともカップ2杯分は入るもの）、ふたつきの広口びん（またはプラスチック容器）

材料

●牛乳——カップ2（480mL）（どんなものでもよいが、成分無調整の方が濃厚なヨーグルトになる）

●市販のプレーンヨーグルト——大さじ3（必ず生きた乳酸菌が入っているものにすること）

 牛乳を温めている間、大きなボウルに冷たい水と氷を入れる。牛乳が 85℃になったら、なべをこのボウルにのせて、牛乳を 43℃まで冷ます。小型のボウルで、牛乳大さじ 3 と市販のヨーグルトをなめらかになるまで混ぜ、これを冷ました牛乳に加えてよく混ぜる。

目のつけどころ！
ヨーグルトを置いておくと、どろどろになる。

 その間に、魔法瓶にお湯をいっぱいに入れる。魔法瓶の中がしっかり温まるまで、5 分置いておく。その後お湯を捨てて、2 で作った混合物を水筒に入れる。ふたをして、室温で約 8 時間置いておく（もっと長い時間置いてもよいが、その分、酸味が強く、きつい味になる）。

4 できたヨーグルトを清潔なびんかプラスチック容器に移して冷蔵庫で保存する。1 週間はもつ。

科学のまど

ヨーグルト作りの第 1 段階は、牛乳を温めて有害な細菌をすべて殺すこと。「カッテージチーズ」（15 ページ）で牛乳には折りたたまれたタンパク質の固まりがあることを覚えたね。牛乳を温めると、この固まりが崩れる。次に、牛乳を乳酸菌が成長しやすい温度に冷ます。市販のヨーグルトを少し加えるのは、生きた乳酸菌を牛乳に入れるため。その細菌がはたらいて牛乳に含まれる糖分を食べ、乳酸を出す。乳酸はタンパク質を大きな網目にまとめるはたらきがあるので、牛乳は固まったようになる。十分に固まると、今度はそれを冷蔵庫の中で冷やす。乳酸菌は寒くなると乳酸を出すのをやめて、ヨーグルトが完成するんだ。

ヨーグルト菌

パン

イースト菌でふくらむ

難易度 大人といっしょに

作業時間　30分

待ち時間　2〜2時間半

人間は何千年も前からパンを作っているけど、パンをふくらませるイーストが発見されたのは、顕微鏡が発明されてからのこと。イーストは菌類で、キノコの親せきだ。でもキノコよりずっと小さい。ひとつひとつのイースト菌は細胞が1個しかない。昔は、次のパン作りのためのイーストがなくならないように、生地をひとかけ、焼かないで残しておいていたんだ。今は店で袋に入ったイースト菌が買える。このレシピでは、イーストが生地をふくらませて大きさが2倍になるところを見るよ。

作り方

1
食パン型にたっぷりオリーブ油をぬっておく。

2
ボウルの一方に小麦粉を入れる。塩、砂糖、イーストを加え、小麦粉全体にいきわたるようによく混ぜる。

3
小麦粉の混合物のまん中にくぼみを作って、ぬるま湯をカップ1と1/4（300mL）ほど加える。生地を混ぜ合わせる。最初は木製のスプーンで、その後は生地をまとめるために手にたっぷり小麦粉をかけて混ぜる。必要なら残ったぬるま湯1/4（60mL）を加える。

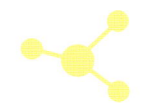

使うもの

2斤用のパンの型、計量カップ、計量スプーン、大きなボウル2つ、木製のスプーン、スタンドミキサー（なくてもよい）、ふきん（またはラップ）、ビニール袋

材料

- オリーブ油—型にぬる分
- 全粒強力粉—カップ3（720mL）、プラス振りかけるぶんを少々
- 塩—小さじ2
- 三温糖—小さじ1
- インスタントドライイースト—小さじ2
- ぬるま湯—カップ約1と1/2（360mL）

4 軽く小麦粉をふった台に生地を出して、さらに5〜10分、なめらかな弾力のある生地になって、手にくっつかなくなるまでこねる。パンをこねるフックをつけたスタンドミキサーに生地を入れて6〜8分こねてもよい。

ふくらむのを見よう！

お役立ちメモ

生地が指にくっつくようになったら、手に小麦粉をつけてこすり取ろう。

5 生地をボールのように丸くして、オイルをぬったボウルに入れ、くるくるまわして全体に油をまぶす。このボウルをきれいなふきんかラップでおおい、温かいところで体積が2倍になるまで、1時間から1時間半置いて、ふくらませる。

続く ▶▶▶

ふくらむパン
キッチンの菌

▶▶▶ 続き

6 生地をボウルからきれいな台に移して少しこねる。生地の形を型と同じくらいの細長い形にととのえる。生地を型に入れて、四隅に押し込む。

7 生地の上に少し小麦粉を振り、それをビニール袋に入れ、型いっぱいにふくらむまで、30〜60分置く。その間にオーブンを230℃で予熱する。

8 型を袋から出して、オーブンに入れ、40〜45分焼く。こんがりきつね色になったら、大人に手伝ってもらってパンをオーブンから取り出す。

9 大人に型からパンを取り出してもらい、底をとんとんとたたいて中がふわふわのような音がするかどうか確かめる。だめならオーブンに戻して、さらに10分焼く。焼けたら型の中で完全に冷ましてから、切って食べよう。

目のつけどころ！
生地は型からあふれるほどまでふくらむよ。

大きくなった

科学のまど

イースト菌は糖を食べる。小麦粉に含まれる天然の糖を使ってエネルギーを作り、そのときに二酸化炭素のガスを出す。湿気と小麦粉があれば、イースト菌はすぐに食べ始める。二酸化炭素はイースト菌の細胞からふつふつとわき出して、ねばねばの生地のすき間に閉じ込められる。生地は二酸化炭素の場所を作るために、のびてふくらむんだ。パンを切ったときによく見ると、ふわふわの感触が、パンの中の無数の小さな穴のせいだということがわかる。

イースト菌の細胞

観察しよう

イースト菌を飼う―これもペット？

作業時間　**35分**

ペットを飼っていたり植物を育てたりしたことがあれば、生き物はみんな、生きるために必要なものがあることを知ってるよね。ペットにはえさやかくれがいるし、植物は水やお日様が必要だ。イースト菌も生きているよ。イーストの袋を見ると、小さな茶色の粒があるね。その粒にイースト菌の細胞が集まっている。このイースト菌の細胞にえさをやって、快適なすみかを作ってやれば、イーストの集団を育てて、立派なペットにすることができるよ―少なくとも半日間くらいは。

目のつけどころ！

30分ほどで、混合物の上の方があわでおおわれる。

必要なもの

使うもの
計量カップ、温度計、ティースプーン

材料
- ●ぬるま湯（38～46℃）―カップ2/3（160mL）
- ●ドライイースト―小さじ1
- ●砂糖―小さじ1

やり方

1 温度計を使ってぬるま湯を正しい温度にしておく。お湯が熱すぎるとイースト菌は死んでしまう。冷たすぎると育たない。

2 イースト菌と砂糖をぬるま湯に入れて、かき混ぜる。

3 混合物を少なくとも30分、置いておく。どんなふうに変わるか、何度も確かめよう。

科学のまど

ドライイーストを買ったときは、イースト菌は生きているけど何もしていない。必要なえさも、水も、温度もないので、休んでいる。科学者はこれを「休眠」と呼んでいる。冬眠する動物のようなものだ。イースト菌は、ぬるま湯に入れられて、食べられる糖分を与えられると休眠状態から覚める。イースト菌が糖を使ってエネルギーにするとき、気体の二酸化炭素ができる。イースト菌が生きていることは、カップの上の方にあわ（二酸化炭素）がたまるのを見ればがわかるよ。このレシピで作ったものは食べないこと。ぜんぜんおいしくないよ。

ザワークラウト
料理する細菌

細菌には、食べ物を腐らせるものもあるけど、食べ物を作るのを助けるものもある。冷蔵庫がない時代には、食べ物を腐らせる悪玉菌から守る方法をいろいろと見つけていたんだ。その一つが、善玉菌を増やして、食べ物を占領させて、悪玉菌が入ってこられないようにすることだった。この実験では、キャベツの葉を食べて育つ善玉菌にとって、つごうのいい環境を用意する。その代わりに、この細菌はおいしいキャベツの漬け物、ザワークラウトを作ってくれるよ。

作り方

1 大人に手伝ってもらって、よく切れる包丁かフードプロセッサーでキャベツを細かく切る。ボウルに入れて、塩を混ぜる（塩はキャベツから水分を引き出して、漬け物用の塩水になる。これで腐らずに発酵してすっぱくなる）。スライスしたリンゴを混ぜこむ。お好みでスパイスを入れる。

2 混ぜたものを、きれいなザワークラウトびんか陶器のつぼに入れる。上には少なくとも5cmすき間を残す。リネンクロスをぬらして、びんをくるむ。クロスの上に板を置き、板の上に缶詰を重しに置く。これで塩水はクロスに届くほど上がってくる。24時間後に水が上がっていなかったら、カップ1と1/2（360mL）の水に塩大さじ1を加えた塩水を作って、キャベツがひたひたになるまで加える。

必要なもの

使うもの

よく切れる包丁（またはフードプロセッサー）、大きなボウル、計量カップ、計量スプーン、食品製造用ザワークラウトびん（または陶器のつぼ）、リネンクロス（またはさらし）、びん（またはつぼ）の口にちょうど合う大きさの板、重しにするための缶詰、なべ、おたま、保存用びん

材料

● 紫キャベツ—1玉
● 緑のキャベツ—1玉
● 塩—大さじ3
● タルト用リンゴ—酸味のあるもの（紅玉など）を、芯を抜いて薄切りにする

● お好みのスパイス
　—ローリエやキャラウェイシードなど

3 そのままほうっておいて、ザワークラウトが発酵するのを待つ。床下の物入れのような涼しいところに置いておくのがよい。毎日缶詰を取って、板をはずし、表面に出てくるかすをすくって取る。ぬれたクロスは 2、3 日ごとに交換する。部屋や水の温度は 15℃に保つ。発酵には少なくとも 1 か月間 ※ はかかる。食べられるかどうか調べるのも、少なくとも 2 週間は待つこと。ザワークラウトを食べるのはそれから。おいしいと思うすっぱさになっていたら、できあがり。

※ 発酵にかかる期間は、温度によって変わる。室温や水温が高いほど発酵は早く進む。

4 気に入る味になっていたら、ザワークラウトをつけ汁ごと大きななべに入れて、中火で煮よう。火からおろして熱いザワークラウトを、おたまでびんに移す。冷ましてびんにラベルをはって冷蔵庫で保存すれば、1 年間はもつよ。

目のつけどころ！
時間がたつと、キャベツはザワークラウトらしいすっぱい味になる。

科学のまど

ありがたいことに、善玉菌と悪玉菌には大きな違いがひとつある──善玉菌は酸素がなくても生きられるということ。キャベツを液体でおおうと、使える酸素はほとんどなくなるので、悪玉菌は生きられない。善玉菌はキャベツに含まれる糖分を食べて、ザワークラウトに独特の味をつける調味料分子を作るんだ。ザワークラウトはいつでも安全に食べられるが、昔ながらのレシピでは、乳酸菌が糖分のほとんどを消化する時間を、3 週間ほどとしている。

安全メモ

ザワークラウトがねばねばしていたら食べちゃだめ。そのねばねばは悪玉菌が作っている。

あれも！これも！？──発酵食品いろいろ

キャベツの漬け物ザワークラウト（88ページ）は、善玉菌の一つである乳酸菌のはたらきでできたものだけど、ふだん食べる物にも菌のはたらきで作られた物がいろいろあるよ。どんなものがあるか知っているかな？

醤油

こうじ菌・乳酸菌・酵母菌といった善玉菌のはたらきで、大豆のタンパク質をうま味成分のアミノ酸に変えて、しょう油の味や香りを作るんだ。

味噌

こうじ菌と呼ばれるカビが、米や麦、大豆などを発酵させてできるよ。

酢

酒などを、酢酸菌のはたらきでさらに発酵させてできるのが酢だよ。日本では米をもとにした米酢が多く作られているよ。

納豆

ザワークラウトはねばつきがあると失敗だけど、日本の納豆はねばねばがあっても食べられるよ。納豆菌という細菌が大豆を発酵させてできるんだ。

酒

米などの穀類や、ブドウなどの果実に含まれる糖が、こうじ菌などのはたらきで分解されて酒になるよ。

漬け物

塩に漬けると、水分が出ていって腐りにくくなり、さらに塩が悪玉菌が増えるのを防いでお腹に良い乳酸菌が増える。乳酸菌のはたらきでビタミンBなども増えるんだ。

カツオ節

カツオの切り身を蒸して、いぶしたあと、カビによって発酵させてから、まんべんなく乾燥させることで、うま味が生まれる。

プーアル茶

チャの木の葉を加熱してから乾燥させて作った緑茶を、さらにこうじ菌で発酵させて作るんだ。

ヨーグルト

乳酸菌が牛乳に含まれる糖分を分解して、乳酸という酸を作り出す。牛乳に含まれるタンパク質がこの酸によって固まってできるよ。

チーズ

動物の乳に、乳酸菌と牛乳を固める酵素を入れ、水分をとって残る固まりが、カッテージチーズなどのフレッシュチーズ。それをカビなどを使って発酵させて、さまざまな種類のチーズが作られるよ。

科学のまど

細菌やカビなどの微生物が、タンパク質や糖を分解するはたらきを、人間にとって良いものだと発酵、悪いものだと「腐敗」（腐ること）というんだ。食べ物を細菌やカビなどを使って発酵させると、長期間保存できるようになる。さらに、味や香りが変わるだけでなく、もとの食べ物にはないビタミンや、うま味などの成分が作られるなど、さまざまな栄養も増えるんだ。

食材や道具の準備のヒント

スーパーマーケットやデパート、製菓材料店、100円ショップなど身近なお店で手に入らない場合、インターネット通信販売サイトなどで検索するとよいでしょう。

●6ページなど
▶アメリカの計量カップは1カップが、8液量ozで、約240mL。

●9ページなど
食用着色料は、100円ショップ、スーパーなどで購入できる。

●19ページ
▶乳棒と乳鉢は、大型ホームセンター、画材店などで購入できる。一般家庭にあるすり粉木とすり鉢でも代用できる。また、すり粉木・すり鉢なら100円ショップでも購入できる。より細かくくだくには、乳棒と乳鉢が向いている。

●20ページ
▶強力磁石は、100円ショップなどでネオジム磁石が購入できる。磁力の強さを表すガウスやテスラの数値が高いほど向いている。
▶鉄が多く入っているシリアルは、実験では、ケロッグ「オールブランブランフレーク」を使用。

●22ページ
▶アイスクリームディッシャーは、夏季には100円ショップでも購入可能。
▶酒石英は、酒石酸または酒石酸水素カリウム、クリームタータ（クリームオブタータ）として製菓材料店などで購入できる。卵白（弱アルカリ性）に入れると、卵白が中性に近づき、メレンゲの気泡が安定しやすい。レモン汁などで代用もできるが、メレンゲに酸味がついたり、気泡が粗くなることがある。

●23ページなど
▶調理（キッチン）用温度計は、100円ショップなどで購入できる。

●34ページ
▶クスクスは、小麦からつくられた小さな粒状のパスタ。大型スーパーや輸入食材店などで購入できる。

●42ページ
▶マフィン型には、シリコン製やフッ素加工、ブリキ製などがあり、製菓材料店などで購入できる。紙製のマフィンカップであれば、100円ショップなどでも購入できる。

●46ページ
▶100円ショップなどでびんが購入できる。500mLのデカンタぐらいの大きさでも代用できる。

●49ページなど
▶重曹は、スーパーや100円ショップなどで購入できる。掃除用の重曹は食用には使用しない。薬局で取り扱われる重曹は製菓用にも使える。

●50ページ
▶家庭に透明な真空保存容器があれば、それを利用して同様の実験ができる。

●54ページなど
▶キャベツの千切りは、スライサーを使ってもできる。

●60ページ
▶バターミルクは、生クリームからバターを作るときに出る液体。粉末のものもあり、製菓材料店、通販などで購入できる。

●64ページ
▶コーンシロップは、製菓材料店などにある。水飴（麦芽糖）、ハチミツ、メープルシロップなどで代用できる。

●68ページ
▶粉末ジュースは、インターネットショップで購入できる。スポーツドリンクや、無印良品の"好みの濃さで味わう〜"シリーズといった粉末飲料もあるが、無糖ではない。

●71ページ
▶クランベリーは、ドライフルーツでもできる。クランベリーのほかに、リンゴ、かんきつ類（ミカン、グレープフルーツなど）にもペクチンが含まれる。

●74ページ
▶オオバコ系ファイバーサプリは、サイリウム粉末として、インターネットなどで購入可能。

●84ページ
▶全粒強力粉は、大型スーパーまたは、インターネット通販で購入できる。
▶ドライイーストは、スーパーで購入できる。

●88ページ
▶ザワークラウトびんは、日本では、プラスチックやガラスなどの漬け物用容器で代用できる。
▶酸味のあるリンゴの品種に、紅玉、千秋、陸奥、ジョナゴールド、シナノゴールドなどがある。おしりが青いもののほうが若く、酸味がある。
▶気温が高いほど発酵が進むのが早い。ふつう多くの乳酸菌は25〜37℃でよく増えて、はたらく。

用語集

- **圧力** ……… ある物質が別の物質を垂直に押す力。
- **アルカリ**…… 水にとけると、pH の値が 7 より大きい物質。
- **化学反応**…… 化学物質の原子の並び方が変わって、別の物質になること。化学変化ともいう。
- **化学物質**…… ある決まった原子や分子が結びついてできた物質のこと。
- **気化**………… 液体が十分な熱で気体になること。
- **生地**………… 穀物や豆などの粉を混ぜて焼いたり蒸したりすると、ケーキやパンになる材料のこと。
- **菌類**………… 植物や動物の体に寄生して栄養をとるキノコ、イースト菌、カビなどのなかま。
- **結晶** ……… 原子や分子が規則正しく並んで、それがくり返されてできた決まった形の固体。
- **原子**………… すべての物質を形作る最も小さな粒子。化学変化では、それ以上小さく分けることができない。
- **酵素**………… 生き物の体の中で、化学変化が起きやすくするタンパク質。
- **細菌**………… 顕微鏡でないと見えないほど小さく、細胞核のない単細胞生物。
- **酸**………… 水にとけると、pH の値が 7 より小さい物質。
- **色素**………… その他の色の光を吸収して、ある特定の色だけを反射して色を見せる物質のこと。
- **人工**………… 自然にあるものを人がまねて作ること。
- **浸透**………… 水分または水にとけた物質が、濃度の高いほうから低いほうへ移動すること。
- **水分濃度**…… 水溶液中の水と水にとけている物質全体の重さに対する水の重さの割合。単位は%。
- **断熱材**……… となり合った違う温度の材料の間にはさんで、熱を伝えにくくするための材料。
- **二酸化炭素**… 炭素原子 1 個と酸素原子 2 個でできた気体で、わたしたちのまわりにもふつうにある。
- **乳化剤** ……… 水や油のように混じり合わない物質の分子と分子の間に入って、混じり合うようにする物質。
- **濃度**………… ある物質の溶けた液体全体の重さに対する、溶けている物質の量の割合。単位は%。
- **pH** ……… さまざまな水溶液で酸性とアルカリ性の程度を表す数値。pH7 を中性として、数字が小さいほど酸性が強く、大きいほどアルカリ性が強い。
- **分子**………… 原子が結合してできる物質の最小単位。
- **ポリマー**…… 同じ分子がたくさん化学的に結びついてできた大きな分子。
- **膜**………… 物質や体の臓器などをおおう薄い皮または細胞。
- **密度**………… 同じ体積あたりの質量（重さ）。g/cm^3、kg/m^3 などの単位を使う。
- **溶液**………… ある液体の中に別の物質が溶け込んでいる混合物。

この本のそれぞれの章は、次世代科学標準（NGSS）という、全米研究評議会が定め、「K-12〔小中高〕科学教育フレームワーク」に準拠した標準に対応している。この標準は、すべての生徒が学習して、関連する科学、技術、工学、数学（STEM）で学習する概念とともに身につけるべき、重要な科学の考え方や進め方を定めている。下記に示す概略は、それぞれの章の主眼となる概念を挙げ、それに関連するNGSSの、グレード3（小学校3年生）からグレード8（中学校2年生）までの生物（LS）、物理（PS）、地球・宇宙科学（ESS）各分野の標準に対応させている。標準が記された後に、数字とアルファベットの記号が並んでいる。これはグレードと分野、標準の番号を表す。たとえば4-ESS1-1とあれば、グレード4、地球・宇宙科学分野の1-1という項目を表す。また、グレードの「MS」は「中学校程度」のこと。NGSSの詳細については、nextgenscience.org を参照のこと。

● **1章　混合と分離　6 〜 20 ページ**
主眼：混合物を組み合わせたり、分離したりする。
標準
▶物質が見えないほど小さい粒子でできていることを表すモデルを育成する（5-PS1-1）
▶観察し、測定して、材料をその性質に基づいて識別する（5-PS1-3）
▶単純な分子と拡張された構造の原子による構成を表すモデルを育成する（MS-PS1-1）

● **2章　固体、液体、おいしい！　22 〜 38 ページ**
主眼：熱と物質の状態
標準
▶物質が見えないほど小さい粒子でできていることを表すモデルを育成する（5-PS1-1）
▶量を測定し、グラフにして、物質を熱したり冷やしたり混ぜたりするときに生じる変化の種類にかかわらず、物質の全体の重さは保存されることの証拠とする（5-PS1-2）
▶熱エネルギーを加えたり取り除いたりするとき、純粋な物質の粒子運動や温度、状態が変化する様子を予想できて記述できるモデルを育成する（MS-PS1-4）

● **3章　気体に期待！　40 〜 52 ページ**
主眼：気体の加熱、気圧
標準
▶量を測定し、グラフにして、物質を熱したり冷やしたり混ぜたりするときに生じる変化の種類にかかわらず、物質の全体の重さは保存されることの証拠とする（5-PS1-2）
▶物体の運動に対する、つりあった力、つりあわない力の作用の証拠となる調べ方を計画し、実行する（3-PS2-1）

▶熱エネルギーを加えたり取り除いたりするとき、純粋な物質の粒子運動や温度、状態が変化する様子を予想できて記述できるモデルを育成する（MS-PS1-4）
▶物体の運動の変化が、その物体にかかる力の和と、その物体の質量によることの証拠となる調べ方を計画する。（MS-PS2-2）

● **4章　作用と反応　54 〜 74 ページ**
主眼：化学反応
標準
▶複数の物質を混ぜると、別の物質ができるかどうかを判定するための調査を行う（5-PS1-4）
▶物質が反応する前後の物質の性質についてのデータを分析し、解釈して、化学反応が起きたかどうか判定する（MS-PS1-2）

● **5章　キッチンで生物学　76 〜 91 ページ**
主眼：感覚情報の解釈、物質の移動
標準
▶モデルを用いて、動物が感覚器官を通じて各種情報を受け取り、その情報を脳で処理し、それぞれの情報に応じた反応をすることを記述する（4-LS1-2）
▶植物、動物、分解者を通して、環境内での物質の移動を記述するモデルを育成する（5-LS2-1）
▶感覚器が刺激に対して、すぐに行動するか、記憶としてたくわえるかするために脳へメッセージを送り、反応するための情報を集めて総合する（MS-LS1-8）
▶生態系の生きた部分、生きていない部分の中での物質循環とエネルギーの流れを記述するモデルを育成する（MS-LS2-3）

協力者一覧

撮影　柳平和士
9,20,26-27,36-37,48-49,58-59,70,73,90-91 ページ
ガリレオ工房　伊知地国夫
66-67 ページ：『キッチン＊おもしろ実験室』（永岡書店）より引用

Credits

All photos by Emma Wood (emmawoodphotos.co.uk) unless

otherwise noted below.

First cover (candy), mama_mia/Shutterstock; (chocolate), Preto Perola/Shutterstock; (orange dressing), Elena Veselova/Shutterstock; (popcorn), annop26/Shutterstock; (toffee), D. Pimborough/Shutterstock; (banana bread), ken18/Shutterstock; (sauerkraut), Viktor1/Shutterstock; (eef jerky), Boltenkoff/Shutterstock; (ice cream), A_Lein/Shutterstock; Fourth cover (orange dressing), Bernd Schmidt/Shutterstock12 (gum), GrigoryL/Shutterstock; 12 (chocolate), Preto Perola/Shutterstock; 19 (magnet), Mega Pixel/Shutterstock; 19 (cereal), edenexposed/iStockphoto; 25 (jars), design56/Shutterstock; 25 (aluminum foil), cretolamna/Shutterstock; 25 (sock), Evikka/Shutterstock; 30 (bottom), Pan Xunbin/Shutterstock; 80 (candy), mama_mia/Shutterstock;

Illustrations by Rachel Fuller.

Thanks to the models: Natasha Chittoo, Tom Johanson, Harry Butler, Alex Paxman, Polly Chamberlain-Webber, Edie Tombleson-Behar, Judah Oyelumade, and Chloe Miller; and to the photo shoot food stylist, Susanna Tee.

ナショナル ジオグラフィック協会は、米国ワシントン D.C. に本部を置く、世界有数の非営利の科学・教育団体です。

1888 年に「地理知識の普及と振興」をめざして設立されて以来、1 万 3000 件以上の研究調査・探検プロジェクトを支援し、「地球」の姿を世界の人々に紹介しています。

ナショナル ジオグラフィック協会は、これまでに世界 41 のローカル版が発行されてきた月刊誌「ナショナル ジオグラフィック」のほか、雑誌や書籍、テレビ番組、インターネット、地図、さらにさまざまな教育・研究調査・探検プロジェクトを通じて、世界の人々の相互理解や地球環境の保全に取り組んでいます。日本では、日経ナショナル ジオグラフィック社を設立し、1995 年 4 月に創刊した「ナショナル ジオグラフィック日本版」をはじめ、書籍、DVD などを発行しています。

ナショナル ジオグラフィック日本版のホームページ
http://nationalgeographic.jp

ナショナル ジオグラフィック日本版のホームページでは、音声、画像、映像など多彩なコンテンツによって、「地球の今」を皆様にお届けしています。

ナショジオ式自由研究
親子でできる　おいしい料理実験

2018年6月26日　第1版1刷

著者	ジョディ・ウィーラー・トッペン、キャロル・テナント
訳者	松浦俊輔
監修	滝川洋二（ガリレオ工房）
編集	尾崎憲和
編集協力	ハユマ（戸松大洋　原口結）
デザイン・レイアウト	茨木純人

発行者	中村尚哉
発行	日経ナショナル ジオグラフィック社 〒105-8308 東京都港区虎ノ門4-3-12
発売	日経BPマーケティング
印刷・製本	日経印刷

ISBN978-4-86313-414-0
Printed in Japan

Edible Science

Published by the National Geographic Society.
All rights reserved.
Copyright © 2015 The Ivy Press Limited
All rights reserved. Reproduction of the whole or any part of the contents without written permission from the publisher is prohibited.

Staff for this Book

Erica Green, Project Editor
Amanda Larsen, Art Director
Lori Epstein, Photo Editor
Paige Towler, Editorial Assistant
Sanjida Rashid, Design Production Assistant
Colm McKeveny, Rights Clearance Specialist
Michael Cassady, Rights Clearance Assistant
Grace Hill, Managing Editor
Mike O'Connor, Production Editor
Susan Borke, Legal and Business Affairs

Published by the National Geographic Society
Gary E. Knell, President and CEO
John M. Fahey, Chairman of the Board
Melina Gerosa Bellows, Chief Education Officer
Declan Moore, Chief Media Officer
Hector Sierra, Senior Vice President and General Manager, Book Division

Senior Management Team, Kids Publishing and Media
Nancy Laties Feresten, Senior Vice President; Jennifer Emmett, Vice President, Editorial Director, Kids Books; Julie Vosburgh Agnone, Vice President, Editorial Operations; Rachel Buchholz, Editor and Vice President, NG Kids magazine; Michelle Sullivan, Vice President, Kids Digital; Eva Absher-Schantz, Design Director; Jay Sumner, Photo Director; Hannah August, Marketing Director; R. Gary Colbert, Production Director

Digital Anne McCormack, Director; Laura Goertzel, Sara Zeglin, Producers; Jed Winer, Special Projects Assistant; Emma Rigney, Creative Producer; Brian Ford, Video Producer; Bianca Bowman, Assistant Producer; Natalie Jones, Senior Product Manager

Created and Produced by Ivy Kids
Kim Hankinson, Art Director
Judith Chamberlain-Webber, Project Editor
Ginny Zeal, Designer
Carol Tennant, Recipe Text
Susanna Tee, Food Stylist
Rachel Fuller, Illustration
Emma Wood, Photography